REIHE AUTOMATISIERUNGSTECHNIK

HERAUSGEGEBEN VON B. WAGNER UND G. SCHWARZE   BAND 90

Eugen-Georg Woschni

Meßfehler bei dynamischen Messungen und Auswertung von Meßergebnissen

Springer Fachmedien Wiesbaden GmbH

ISBN 978-3-663-19884-0   ISBN 978-3-663-20224-0 (eBook)
DOI 10.1007/978-3-663-20224-0

Lektor: *Jürgen Reichenbach*
Bestellnummer: 5090

Einbandgestaltung: *Peter Kohlhase*

Vorwort

Dem Meßgerät kommt in der Automatisierungstechnik eine entscheidende Bedeutung zu, da Voraussetzung für jede Steuerung und Regelung die Erfassung des Istwerts der zu automatisierenden Größe ist. Dabei ist gerade für die Automatisierung eine zeitliche Änderung (Dynamik) der jeweils interessierenden physikalischen Größen charakteristisch. Aber auch sonst in der Meßtechnik spielt die Messung zeitlich veränderlicher Größen im Zeitalter des Leichtbaus und bei den sich ständig erhöhenden Geschwindigkeiten und Drehzahlen eine immer größere Rolle. In der klassischen Schwingungsmeßtechnik nimmt der interessierende Frequenzbereich zu immer höheren Frequenzen hin zu.

Während die Probleme der Meßfehler bei statischen Messungen bereits seit Jahren in vielen Büchern behandelt sind und auch bei der Ausbildung des Ingenieurs genügend Beachtung finden, bestehen oft Lücken und Unklarheiten auf dem Gebiet der dynamischen Messungen. In der Praxis treten daher hier auch immer wieder besondere Schwierigkeiten auf, wobei Dauerbrüche an Maschinenteilen usw. nicht selten die Folge von nicht erkannten Meßfehlern sind.

Der vorliegende Band stellt daher das Gebiet der dynamischen Messungen einschließlich der Meßfehler in möglichst allgemeinverständlicher Form zusammenhängend dar, wobei einleitend auch kurz auf statische Fehler eingegangen wird. Dem Anwender der Meßgeräte soll einerseits ein Gefühl für die Meßfehler vermittelt werden, zum anderen soll er in die Lage versetzt werden, in dem aufgenommenen Meßvorgang Meßfehler zu erkennen.

In engem Zusammenhang damit steht die Auswahl geeigneter Meßgeräte, wobei auch die Kennwerte Grenzfrequenz und Einschwingzeit und deren experimentelle Aufnahme behandelt werden. Ein besonderer Abschnitt beschäftigt sich ferner mit dem auch in der Perspektive sehr wichtigen Gebiet der Vermeidung und Korrektur der Meßfehler.

Besonderer Wert wird auf Verbindungen zu anderen Wissensgebieten gelegt, die gerade in der modernen Meßtechnik kennzeichnend sind und die Weiterentwicklung bestimmen. Dem Einsatz von Analog- und Digitalrechnern entsprechend, werden sowohl analoge als auch digitale Verfahren nebeneinander behandelt. Die im Zuge der automatischen Meßwertverarbeitung so wichtige Meßwertspeicherung wird ebenfalls einbezogen. Selbstverständlich werden auch die Zusammenhänge zur Systemtheorie und Informationstheorie hergestellt.

Der Verfasser hofft, daß auch die vielen praktischen Beispiele dazu beitragen mögen, daß der Band eine gute Aufnahme findet.

Nicht zuletzt danke ich Herrn Dipl.-Ing. *Bodo Wagner* und dem Verlag für die wertvollen Hinweise und die gute Zusammenarbeit und meinen Mitarbeitern Dr.-Ing. *Krauß* und Dr.-Ing. *Müller* für die Hilfe beim Lesen der Korrektur.

Karl-Marx-Stadt

E.-G. Woschni

Inhaltsverzeichnis

Verzeichnis der Formelzeichen 5

1. Einfluß und Auswirkung von Meßfehlern 7

2. Automatisierung der Messungen 10

3. Grundsätzliches über die Entstehung statischer und dynamischer Meßfehler 13

3.1. Statische Meßfehler 13

3.2. Dynamische Meßfehler 15

4. Zusammenhang zwischen Meßfehler und Meßwertspeicherung . . 20

5. Grenzfrequenz und Einschwingzeit als Kenngrößen für Meßgeräte . 27

5.1. Allgemeines 27

5.2. Grenzfrequenz 29

5.3. Einschwingzeit 36

5.4. Zusammenhang zwischen Grenzfrequenz und Einschwingzeit 40

5.5. Experimentelle Aufnahme der Kenngrößen (dynamische Kalibrierung) 46

6. Abschätzung der Meßfehler, typische Meßfehler 54

7. Vermeidung und Korrektur der Meßfehler 60

8. Typische Beispiele für die Auswertung von Meßergebnissen 71

9. Schlußbetrachtung 78

Literaturverzeichnis 79

Sachwörterverzeichnis 80

Verzeichnis der Formelzeichen

a	Beschleunigung, Konstante
b	Konstante
c	Federkonstante, spezifische Wärme
f	Frequenz
f_g	Grenzfrequenz
f_{go}	obere Grenzfrequenz
f_{gu}	untere Grenzfrequenz
f_i	Impulsfrequenz
$f(t)$	zeitabhängige Funktion
f_{tr}	Trägerfrequenz
$g(t)$	Gewichtsfunktion, Stoßantwort
$h(t)$	Übergangsfunktion, Sprungantwort
i	Strom
k	(Dämpfungs-) Konstante
m	Masse
m	Zahl der unterscheidbaren Meßwertstufen
n	Zahl der Meßwerte, Drehzahl
r	Radius
s	Zahl der Binärstellen, Zahl der Speicherzellen, Einheit der Information
t	Zeit
t_A	Einschaltzeit
t_E	Einschwingzeit
x	(zeit)veränderliche Größe
y	(zeit)veränderliche Größe
z	Zahl der Meßwerte je Sekunde
A	Oberfläche
C	Kapazität
D	normierte Dämpfung
F	Kraft
F	relativer Fehler
$G(j\omega)$	komplexer Frequenzgang
$|G(j\omega)|$	Amplitudengang
J	Nachrichtenfluß
$\mathrm{Op}\left\{\ \right\}$	„Operation von"
P_R	Störleistung
R	ohmscher Widerstand
T	Zeitkonstante, Integrationszeit, Periodendauer
T_M	Periodendauer der Meßgröße
U	elektrische Spannung
V	Volumen
a	Ausschlag, Wärmeübergangszahl
γ	Dichte
$\triangle x$	Abweichung
$\triangle T$	Breite eines Stoßes
ε	relative Umkehrspanne
$\overline{\varepsilon_2}$	mittlerer quadratischer Fehler
$\overline{\varrho^2}$	mittlerer quadratischer dynamischer Fehler
φ	Phasenwinkel
ω	Kreisfrequenz
ω_0	Eigen-(Kreis-)Frequenz

1. Einfluß und Auswirkung von Meßfehlern

Im ersten Band der REIHE AUTOMATISIERUNGSTECHNIK wurde
der Begriff der Automatisierung näher dargestellt [RA 1]. Dabei wurde
bereits darauf hingewiesen, daß ein Einsatz von Führungssteuerungen
und Regelkreisen ohne eine meßtechnische Erfassung der entsprechenden
technischen oder physikalischen Größe nicht möglich ist.

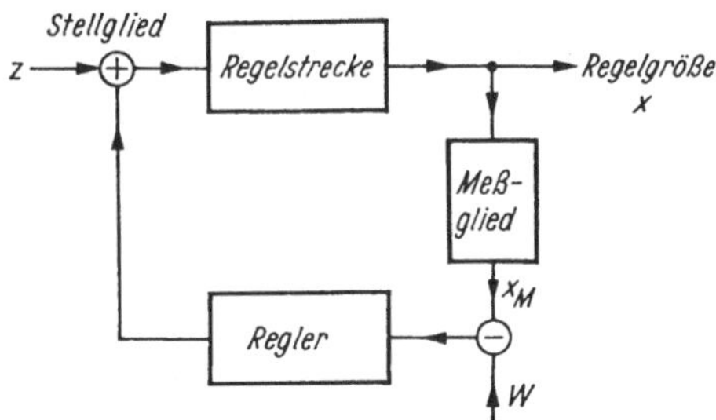

Bild 1. Regelkreis mit Meßglied

Im Bild 1 ist ein derartiger Regelkreis skizziert. Die zu regelnde Größe,
die Regelgröße x, wird nach einem Vergleich mit der Führungsgröße w
dem Regler zugeführt, wobei ein Stellglied die Eingangsgröße der Regelstrecke und damit wiederum die Regelgröße beeinflußt. Da einerseits die
Signale für den Istwert-Sollwert-Vergleich und den Eingang des Reglers
von der gleichen physikalischen Größe getragen werden müssen, andererseits die Regelgröße x naturgemäß oft eine andere physikalische Größe
ist, muß diese in einem Meßglied in die geeignete Größe x_M umgeformt
werden, z. B. wird die Führungsgröße w für eine numerisch gesteuerte
Werkzeugmaschine durch Lochungen eines Lochbands dargestellt, die
durch einen Lochbandabtaster in einer anschließenden elektronischen
Verarbeitung in eine elektrische Spannung umgeformt werden. Zum Vergleich mit der Regelgröße, der Stellung des Supports, muß daher diese
Supportstellung ebenfalls als elektrische Spannung vorliegen. Diese
Umformung besorgt das im Bild 1 skizzierte Meßglied, das daher einen
Wandler zum Umformen der physikalischen Größe x (im Beispiel Weg)
in die zum Istwert-Sollwert-Vergleich gewünschte Größe x_M (im Beispiel
Spannung) enthält.
Um die Auswirkung von Meßfehlern zu erkennen, nehmen wir an, der
im Bild 1 skizzierte Regelkreis sei bis auf das Meßglied ideal. Er regle
also $x_M - x_W = 0$ aus, was bei ebenfalls idealem Meßglied bedeuten
würde, daß keine bleibende Regelabweichung zwischen Regelgröße und
Führungsgröße auftritt. Regelungstechnisch ausgedrückt heißt dies, daß
der Regler einen Anteil mit I-Verhalten hat [RA 10]. Wir nehmen nunmehr einen statischen Fehler $\triangle x$ des Meßglieds an, der z. B. hervorgerufen

wird durch eine Coulombsche Reibung in dessen mechanischem Teil. In der Meßtechnik wird dieser Reibungsbereich durch die sog. Umkehrspanne angegeben. Das Meßglied liefert dann an seinem Ausgang nicht eine Größe $x_{M\,ideal}$, die der Regelgröße fehlerfrei entspricht,

$$x_{M\,ideal} = c\,x\,, \tag{1a}$$

sondern der Fehler $\triangle x$ bewirkt eine Ausgangsgröße $x_{M\,real}$, die sich von $x_{M\,ideal}$ um diesen Fehler $\triangle x$ unterscheiden kann,

$$x_{M\,real} = x_{M\,ideal} \pm \triangle x. \tag{1b}$$

Der Regelkreis mit im übrigen idealem Verhalten regelt nunmehr wiederum so ein, daß an der Vergleichsstelle keine Regelabweichung verbleibt. Wegen des Fehlers bei der Messung wird dann aber trotzdem eine Abweichung zwischen Regelgröße und deren gewünschtem Sollwert verbleiben, die eben gerade diesem Meßfehler entspricht. Wie man erkennt, lassen sich demnach derartige Reibungsfehler durch Coulombsche Reibung im Meßgerät selbst bei sonst idealem Regelkreis nicht mehr unwirksam machen.

Diese Überlegungen zeigen die große Bedeutung des Meßglieds bei der Lösung von Automatisierungsaufgaben. Sie führen zu dem Schluß, daß die Meßgenauigkeit des Meßgeräts einen entscheidenden Einfluß auf die Genauigkeit der gesamten Regelung hat.

Die eben durchgeführten Überlegungen, die bisher nur für den statischen Fall angestellt wurden, lassen sich entsprechend auch auf dynamische Fehler ausdehnen. Da im Wirkungskreislauf des Bildes 1 Meßglied und Regler rückwirkungsfrei hintereinandergeschaltet sind, multiplizieren sich deren Frequenzgänge. Ein Meßglied mit dynamisch schlechtem Verhalten (z. B. große Trägheit) wirkt sich daher trotz idealem Regler genauso aus, als hätte der Regler dieses schlechte Verhalten.

Ein Beispiel möge auch dies klarmachen: Wir nehmen an, das Meßglied habe eine Totzeit $t_T = 1\,s$. Dann wird eine Änderung der Regelgröße $x(t)$ eben um diese Sekunde verspätet an der Stelle x_M erscheinen. Diese Totzeit kann aber vom Regler nicht mehr wettgemacht werden, da eine zeitliche Verschiebung eines Vorgangs nur durch ein Glied mit „hellseherischen" Fähigkeiten wieder ausgeglichen werden könnte. Dieses Glied müßte nämlich bereits wissen, wie x verläuft, bevor bei x_M der Wert ankommt. Ein derartiges Glied ist aber physikalisch nicht realisierbar.

Handelt es sich nicht um eine Totzeit, sondern nur um eine Trägheit des Meßgeräts (Verhalten mit Verzögerung), so kann man dieses Verhalten durch erhöhten Aufwand beim Regler zu einem mehr oder weniger großen Teil wieder ausgleichen. Man kann hierzu auch dem Meßgerät nachgeschaltete Korrekturnetzwerke verwenden, wie dies im Abschn. 7. näher erläutert werden wird.

Während bisher der Einbau eines Meßgeräts in einen technischen Regelkreis behandelt wurde, spielt das Meßgerät auch bei der reinen Erfassung von Informationen eine Rolle. Bei den Schwingungsmessungen, Maschinenuntersuchungen usw. hat das Meßgerät die Aufgabe, die tatsächlich auftretenden Beanspruchungen, Bewegungen, Geschwindigkeiten usw. festzustellen und damit Aussagen für die Konstruktion einer

Maschine, die günstigste Technologie oder für bestimmte Schlußfolgerungen bezüglich Aufstellungsort und -art für Maschinen zu treffen. In diesem Fall liegt oft, genau besehen, auch ein Wirkungskreis vor, jedoch ist er nicht über technische Einrichtungen wie bei Bild 1 geschlossen, sondern der Mensch tritt als kybernetisches System hinzu [RA 30]. Im Bild 2 ist dieser Kreislauf skizziert: Die interessierenden Eigenschaften der zu untersuchenden Maschine bzw. des entsprechenden Prozesses in der Technologie werden durch die Messung analysiert. Das Meßergebnis, das auch aus mehreren einzelnen Meßwerten von evtl. verschiedenen Meßeinrichtungen bestehen kann, nimmt der Mensch auf, bildet auf Grund der Meßergebnisse entsprechende Schlußfolgerungen und beeinflußt die untersuchte Maschine (Konstruktion) bzw. den Prozeß (Technologie). Man erkennt deutlich das auch hier geschlossene Wirkungssystem.

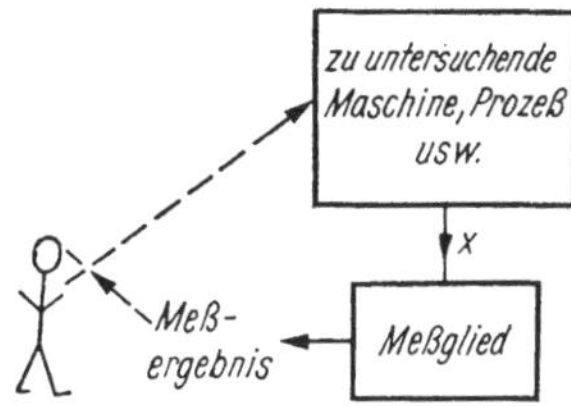

Bild 2
Geschlossener Wirkungskreislauf mit Rückwirkung des Meßergebnisses über den Menschen

Im Prinzip gelten daher auch die gleichen Überlegungen, wie sie im Zusammenhang mit Bild 1 angestellt wurden. Meßfehler führen zu falschen Entscheidungen des Menschen und damit zu falschen Auslegungen der Maschinen (Konstruktionsfehler) oder zu fehlerhaften Einstellungen des technologischen Prozesses. Im ersten Fall kann z. B. eine zu schwache oder zu starke Dimensionierung eines Maschinenteils die Folge sein, im zweiten Fall läuft der technologische Prozeß nicht optimal ab.
Während sich die Meßunsicherheiten bei statischen Messungen meist nur in der Größenordnung von Promille bzw. höchstens Prozent bewegen, können bei dynamischen Messungen, wie noch gezeigt werden wird, leicht Meßfehler von der Größenordnung 10%, ja sogar 100% und mehr auftreten. Legt man der Konstruktion zu kleine Meßwerte zugrunde, so entstehen u. U. Brüche bei den entsprechenden Maschinenteilen. Dabei ist es oft ein „Glück“, wenn man sich bei der Messung um 100% und mehr irrt, weil dann das Maschinenteil sofort beim Probelauf bricht und so der Meßfehler sofort offen zutage tritt. Viel schlimmer ist es, wenn der Meßfehler nur einige zehn Prozent beträgt, da das Material des Maschinenteils wegen der üblichen Sicherheitszuschläge noch nicht bis zur Bruchgrenze belastet wird und daher zunächst hält. Der Meßfehler tritt dann also nicht sofort zutage. Dagegen wird das Material erheblich überbeansprucht, so daß es nach der bekannten Wöhler-Kurve nur eine begrenzte Zahl von Lastwechseln aushält und dann bricht. Besonders gefürchtet sind dabei vor allem die Fälle, wo die Lastwechselzahl bis zum Bruch noch so hoch liegt, daß die Maschine auch die Erprobungszeit übersteht. Sie wird dann in Serie gefertigt und ausgeliefert. Nach einigen Monaten werden dann die erforderlichen Lastwechselzahlen erreicht,

und an allen nunmehr bereits ausgelieferten Maschinen bricht auf Grund dieses Meßfehlers das gleiche Teil. Oft wird nun noch nicht einmal der Meßfehler als Grund für den Bruch erkannt, sondern man hält einen Materialfehler („Ermüdungsbruch"), falsche Montage oder dgl. für verantwortlich.

Insbesondere bei schwingungsfähigen Meßgeräten kann es auch leicht passieren, daß die tatsächlichen Beanspruchungen kleiner sind als die gemessenen Werte. In diesem Fall werden die auf Grund dieser falschen Messungen dimensionierten Maschinenteile zu stark, was einerseits einen unnötig hohen Materialverbrauch zur Folge hat. Andererseits werden bei zu starker Dimensionierung bei bewegten Teilen die Massenkräfte groß, was wiederum unnötig hohe dynamische Beanspruchungen ergibt.

Bereits diese kurzen Ausführungen zeigen, welche Bedeutung derartige Meßfehler auch auf diesem Gebiet haben und daß vor allem die bei dynamischen Messungen auftretenden Fehler oft besonders kritisch sind.

Derartige dynamische Meßfehler sind darüber hinaus viel schwerer zu erkennen und im voraus abzuschätzen, da hier nicht nur das dynamische Verhalten des Meßgeräts selbst eine Rolle spielt. Sie hängen nämlich stark von dem zu messenden Vorgang ab, den man jedoch vor der Messung noch nicht kennt. Es ist daher besonders schwierig, den zu erwartenden Meßfehler vor der Messung zu übersehen. Diese Probleme sollen daher im folgenden im Mittelpunkt der Betrachtungen stehen.

2. Automatisierung der Messungen

Wir kehren nochmals zurück zu dem im Bild 2 dargestellten Prinzip und beschäftigen uns etwas näher mit der Tätigkeit des Menschen. Er hat die Aufgabe, eine Reihe von Meßwerten aufzunehmen und in geeigneter Weise auf Grund dieser verschiedenen Meßergebnisse Schlußfolgerungen zu ziehen. In vielen Fällen werden die einzelnen Meßergebnisse vom Menschen umgerechnet und das so gewonnene Ergebnis dann aufgeschrieben, entweder in Form einer Tabelle oder als Diagramm.

Während der Ersatz des Menschen durch einen Regler in der Regelungstechnik heute bereits gang und gäbe ist, befinden wir uns bei der Durchführung der geschilderten „Meßwertverarbeitung" durch Automaten noch am Anfang der Entwicklung.

Offensichtlich können wir zwei verschiedene Problemkreise unterscheiden, die beide bisher oft noch durch den Menschen (Meßtechniker) bearbeitet werden: Zum ersten handelt es sich um die Ablesung von Instrumenten, deren angezeigte Meßwerte dann in Tabellen eingetragen oder in Diagrammen dargestellt werden. Der zweite Fall betrifft die Umrechnung und Verarbeitung der Meßwerte im weitesten Sinn.

Das Problem der automatischen Ausgabe und Speicherung der Meßwerte hat im letzten Jahrzehnt zunehmende Beachtung gefunden. Besonders von der Rechentechnik her sind eine Reihe geeigneter Ausgabe- und Speicherverfahren entwickelt worden, die seitdem auch in die Meßtechnik zunehmend Eingang finden. Für Tabellendrucke gibt es heute Drucker, mit denen man ganze Zahlenreihen gleichzeitig mit Geschwindigkeiten von einigen zehn Zeilen je Sekunde drucken kann. Durch Verwendung entsprechender elektronischer Schaltungen können die Drucker direkt durch Spannungen und damit auch durch Signale der Meßwerte gesteuert werden. Die Speicherung von Meßwerten in Lochstreifen ist ebenso möglich, wobei diese Form der Speicherung zudem den Vorteil der leichten „Lesbarkeit" der gespeicherten Meßergebnisse durch Automaten hat. Dies ist eine Forderung, die bei gedruckten Ziffern heute noch nicht befriedigend gelöst ist (Problem der automatischen Erkennung gedruckter Ziffern und Zeichen).

Neben diesen Ziffernausgabegeräten sind speziell für die Belange der Meßtechnik Diagrammschreiber in den vielfältigsten Ausführungsformen verfügbar. Dabei handelt es sich im Gegensatz zu den digital arbeitenden Zifferndruckern um Analoggeräte. Die Skala der hier angebotenen Geräte reicht vom einfachen Linienschreiber oder Punktschreiber über Kompensationsschreiber mit sehr geringem Leistungsbedarf bis zu Schnellschreibern und Oszillografen zur Aufnahme schnell veränderlicher Meßwerte.

Der zweite Problemkreis umfaßt die automatische Meßwertverarbeitung. Hier werden die bisher vom Meßtechniker durchgeführten z. T. umfangreichen Berechnungen zur Auswertung der erhaltenen Meßergebnisse automatisch vorgenommen. Neuerdings wird diese Meßwertverarbeitung oft in das Meßgerät hinein verlagert. Die Skala der vorgenommenen Rechenoperationen reicht hier von der einfachen Addition oder Subtraktion über die Multiplikation, Integration bis hin zu komplizierten Rechenoperationen. So tritt beispielsweise bei der Leistungsmessung das Problem auf, das Produkt aus Drehzahl und Drehmoment zu bilden. Liegen beide Größen über entsprechende Meßgrößenaufnehmer als elektrische Signale vor, so kann die Multiplikation leicht mit einem analog arbeitenden Gerät, dem Wattmeter, als Zeigerausschlag dargestellt bzw. durch einen mit dem Zeiger verbundenen Schreibstift als Diagramm geschrieben werden.

Für viele Meßwerte wird eine Mittelwertbildung gefordert. So ist beispielsweise die mittlere Rauhtiefe bei der Messung der Oberflächengüte als Mittelwert definiert. In diesen Fällen muß eine Integration durchgeführt werden; denn der Mittelwert n-ter Ordnung ist definiert

$$\overline{x^n} = \frac{1}{2T} \int\limits_{-T}^{+T} x^n(t)\, \mathrm{d}t \, , \tag{2}$$

wobei die Integrationsgrenzen einen möglichst großen Bereich umfassen sollen und genaugenommen nach unendlich gehen müßten. Auch bei der Schwingungsmessung spielen derartige Integrationen eine wichtige Rolle, da sich dann mit einem Gerät, das von Hause aus zur Beschleunigungsmessung geeignet ist, durch einfache Zuschaltung eines Integrationsglieds bei einfacher Integration die Schwinggeschwindigkeit (Schnelle), bei doppelter Integration der Schwingweg messen läßt. Umgekehrt kann man beim Verwenden entsprechender Differentiationsglieder mit einem

Gerät zur Messung des Schwingwegs nach Einschalten eines Differentiationsglieds die Schwinggeschwindigkeit, nach Einschalten eines Gliedes für doppelte Differentiation die Schwingbeschleunigung messen. Im Bild 3 sind derartige analog arbeitende Glieder im Prinzip angegeben.

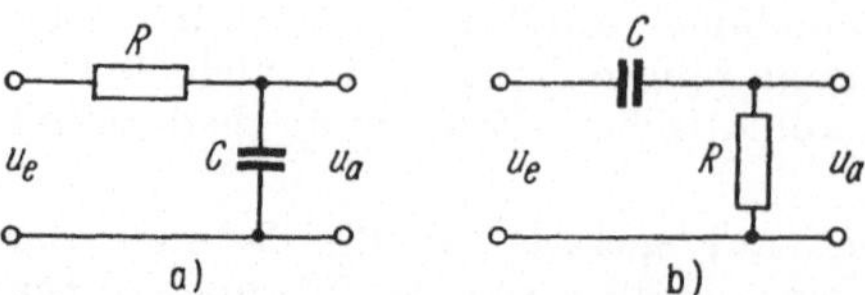

Bild 3. Analog arbeitende Integrations- (a) bzw. Differentiationsglieder (b)

Bei dem Glied nach Bild 3a wird eine Integration durchgeführt, falls $R \gg 1/\omega C$ ist. Unter dieser Voraussetzung gilt nämlich $u_\mathrm{a} \ll u_\mathrm{e}$ und damit in guter Näherung für den Strom durch den Kondensator i_c

$$i_c = i_R = u_\mathrm{e}/R \,.$$

Die Spannung am Kondensator u_a wird dann

$$u_\mathrm{a} = \frac{1}{C} \int i_c \, \mathrm{d}t = \frac{1}{CR} \int u_\mathrm{e} \, \mathrm{d}t \,. \tag{3a}$$

Entsprechend kann man für die Schaltung nach Bild 3b unter der Voraussetzung $R \ll 1/\omega C$ ableiten

$$u_\mathrm{a} = CR \frac{\mathrm{d}u_\mathrm{e}}{\mathrm{d}t} \,. \tag{3b}$$

Heute werden selbst komplizierte Rechenoperationen bereits im Meßgerät durchgeführt. Ein typisches Beispiel hierfür sind Getriebeprüfstände, bei denen durch eine Fourier-Transformation in einer analog arbeitenden Rechenschaltung das Geräuschspektrum des durch Mikrofon aufgenommenen Getriebegeräusches gebildet und ausgewertet wird. Aus den zu stark auftretenden Geräuschen kann direkt auf die Getriebefehler geschlossen werden, so daß der Automat nicht nur anzeigt, ob das Getriebe fehlerfrei ist, sondern auch die Art des Fehlers direkt ausdruckt (z. B. „Zahnrad 3 auswechseln").

Neben diesen analog arbeitenden Rechenschaltungen werden in steigendem Maß auch Digitalrechner mit dem Meßgerät zu einer automatischen Meßwertverarbeitungsanlage kombiniert. Die Entwicklung geht bis zum Einsatz immer größerer Digitalrechner, die direkt mit einer ganzen Reihe von Meßgeräten zusammenarbeiten und deren Ausgangswerte z. B. zur Steuerung ganzer Prozesse benutzt werden. Damit ist das im Bild 2 dargestellte Prinzip beibehalten, wobei jedoch die Funktion des Menschen ein Digitalrechner mit einer anschließenden Steuereinrichtung übernimmt (On-line-Betrieb eines Rechners).

Bei allen diesen Problemen spielt die Frage der Geschwindigkeit der Ausgabe und Verarbeitung der Meßwerte sowie damit in direktem Zusammenhang die Frage nach der Genauigkeit der erhaltenen Ergebnisse bei großen Verarbeitungsgeschwindigkeiten eine entscheidende Rolle. Auch derartige Fragen werden daher nachstehend näher beleuchtet werden.

3. Grundsätzliches über die Entstehung statischer und dynamischer Meßfehler

3.1. Statische Meßfehler

Die meisten Meßeinrichtungen enthalten mindestens ein mechanisch wirkendes Glied, bei dem eine Coulombsche Reibung auftritt. Nimmt man die statische Kennlinie eines derartigen Meßgeräts auf, so erhält man den im Bild 4 skizzierten Verlauf. In diesem Bild ist als Beispiel

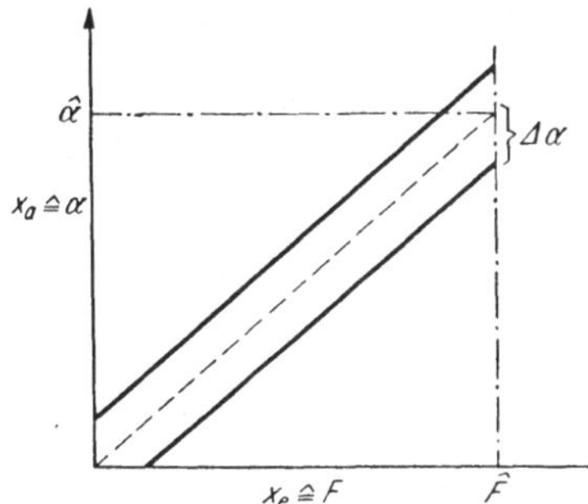

Bild 4. Statische Kennlinie eines Meßgeräts mit Reibung

die Kalibrierungskurve eines Kraftmeßgeräts dargestellt, das die Eingangsgröße x_e, d. h. die Kraft F, in die Ausgangsgröße x_a, d. h. den Meßwert, z. B. den Zeigerausschlag α, umsetzt. Bedingt durch die Reibung ergeben sich die zwei eingezeichneten Kennlinien. Die obere Kennlinie erhält man, wenn man von höheren Belastungen die entsprechende Kraft F einstellt, die untere, wenn man die Kraft langsam von kleineren Kräften aus auf den Wert F anwachsen läßt. Daher kann der Ausschlag α für eine bestimmte Kraft F zwischen den zwei Schranken $\alpha \pm \triangle\alpha$ liegen, $\pm \triangle\alpha$ bestimmt die Meßunsicherheit. Man bezeichnet den durch

$$\frac{\varepsilon}{2} = \pm \frac{\triangle\alpha}{\hat{\alpha}} \tag{4a}$$

gegebenen statischen Meßfehler infolge Reibungseinflusses bezogen auf den maximalen Ausschlag als „halbe relative Umkehrspanne" bzw.

$$\varepsilon = \frac{2\triangle\alpha}{\hat{\alpha}} \tag{4b}$$

entsprechend als „relative Umkehrspanne".

Die relative Umkehrspanne liegt bei üblichen Meßgeräten in der Größenordnung von Prozent (Betriebsmeßgeräte) bzw. Promille (Präzisionsmeßgeräte).

Da die absolute halbe Umkehrspanne $\triangle\alpha$ durch Coulombsche Reibung bedingt ist, hängt sie nicht vom Ausschlag α ab, d. h., die Geraden im Bild 4 verlaufen parallel zueinander. Nutzt man den Meßbereich des Meßgeräts nicht voll aus, sondern betreibt es z. B. nur bei einem Zehntel des Vollausschlags $\hat{\alpha}$, so wird der relative Meßfehler 10mal so groß. Daraus ergibt sich der wichtige Satz:

> Im Interesse geringer statischer, reibungsbedingter Meßfehler
> ist es wichtig, den Meßbereich der Meßgeräte z. B. durch Meß-
> bereichumschaltung so anzupassen, daß das Meßgerät möglichst (5)
> nahe bei Vollausschlag betrieben wird.

Statische Meßfehler entstehen ferner durch die Beeinflussung des Meßobjekts (Rückwirkung der Messung auf das Meßobjekt), durch Störungen, insbesondere durch das Rauschen bei elektronischen Meßeinrichtungen, durch Änderungen des Verstärkungsgrads der Verstärker infolge Spannungsschwankungen bei elektronischen Meßgeräten und durch Temperaturänderungen.

Eine weitgehende Verminderung der statischen Fehler läßt sich durch den Einsatz *digitaler Meßverfahren* erreichen. Im Gegensatz zu den bisher behandelten analogen Meßverfahren, bei denen der Meßwert durch eine analoge Größe (Ausschlag, Winkel oder dgl.) dargestellt wird, geben die

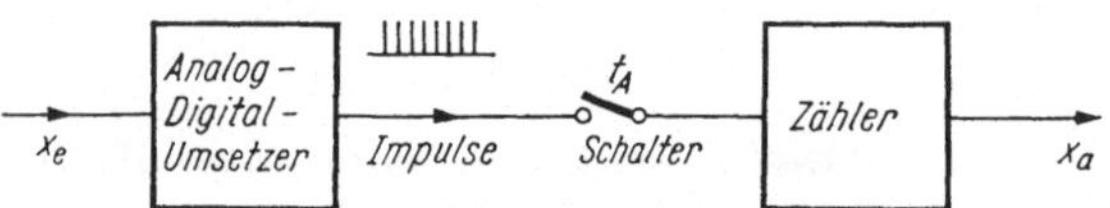

Bild 5. Prinzip eines digitalen Meßverfahrens

digitalen Meßeinrichtungen den Meßwert direkt als eine Ziffer aus (engl. „digit" = Zahl). Hierzu wird, wie im Bild 5 dargestellt, die Meßgröße x_e zunächst in eine meist elektrische Impulsfolge der Impulsfolgefrequenz f_i umgesetzt (Analog-Digital-Umsetzer), und diese Impulsfolge wird dann in einem Zähler gezählt. Dieser Zähler wird über einen Schalter mit der Einschaltzeit t_A eingeschaltet. Wird z. B. bei einer digitalen Drehzahlmessung je Umdrehung durch einen fotoelektrischen Schalter ein Impuls erzeugt, so erhält man bei einer Einschaltzeit des Zählers von $t_A = 60$ s gerade die Drehzahl n auf dem Zähler in Umdrehungen je Minute angezeigt.

Zwischen der Impulsfolgefrequenz f_i, der Einschaltzeit t_A und dem angezeigten Wert n besteht der Zusammenhang

$$n = f_{i/\text{Hz}}\, t_{A/\text{s}} \cdot \tag{6a}$$

Bei der Zählung der Impulse kann eine Unsicherheit von einem Impuls auftreten, dadurch hervorgerufen, daß der Schalter zufällig etwas früher

14

oder später schließt bzw. öffnet und daher der erste bzw. letzte Impuls noch miterfaßt wird oder nicht. Der relative Meßfehler beträgt demnach

$$\frac{1}{n} = \frac{1}{f_\mathrm{i/Hz}\, t_\mathrm{A/s}} \, . \tag{6b}$$

Der Fehler läßt sich also bei digitalen Meßeinrichtungen durch Wahl einer entsprechenden großen Einschaltzeit t_A oder einer hohen Impulsfrequenz f_i beliebig klein halten, vorausgesetzt, der Fehler der Einschaltzeit t_A ist vernachlässigbar klein. Eine große Impulsfrequenz verwirklicht man, indem man z. B. durch eine mit Strichen versehene Scheibe bei der Drehzahlmessung nicht nur einen Impuls je Umdrehung, sondern möglichst viele derartige Impulse erzeugt. Eine Vergrößerung der Einschaltzeit t_A hat den Nachteil, daß die dynamischen Fehler zunehmen, worauf im anschließenden Abschnitt eingegangen werden wird.

3.2. Dynamische Meßfehler

Während wir uns bisher bei der Betrachtung der Meßfehler auf den Fall beschränkt haben, daß die zu messenden Größen unabhängig von der Zeit t einen bestimmten Wert haben, tritt bei den meisten Meßaufgaben die Zeit als weitere Abhängige hinzu. Bei sehr langsam zeitlich veränderlichen Meßgrößen folgt der Ausschlag des Meßgeräts oft noch praktisch trägheitslos der Veränderung der Meßgröße.

Dies ist das Gebiet der quasistatischen Messung, wo man die Besonderheiten der dynamischen Messung noch nicht zu berücksichtigen braucht.

Dagegen treten bei allen Messungen zeitlich relativ schnell veränderlicher Meßgrößen eine ganze Reihe zusätzlicher Probleme und Meßfehler auf, die ihre Ursache darin haben, daß das Meßgerät nicht trägheitslos arbeitet, z. B. werden durch die stets vorhandenen Massen m im mechanischen Fall zusätzliche Massenkräfte F_m erzeugt, die von der Beschleunigung a des bewegten Teiles der Meßeinrichtung abhängen:

$$F_m = m\, a = m\, \frac{\mathrm{d}^2 x}{\mathrm{d}t^2} = m\, \ddot{x} \tag{7a}$$

Da die Beschleunigung a die zweite Ableitung des Weges x nach der Zeit t, also $a = \ddot{x}$, ist, werden diese Kräfte um so größer und wirken damit um so stärker verfälschend auf das Meßergebnis ein, je schneller sich die zu messenden Größen verändern.

Auch im elektrischen Fall treten bei schnell veränderlichen Spannungen u zusätzliche Ströme i auf, die durch die stets vorhandenen Kapazitäten C hervorgerufen werden, z. B. hat bereits jede Leitung unvermeidlich eine bestimmte Kapazität gegen Erde und gegen andere Leitungen. Entsprechend der Grundgleichung

$$i = C\, \frac{\mathrm{d}u}{\mathrm{d}t} = C\dot{u} \, , \tag{7b}$$

hängen diese Ströme von der Geschwindigkeit ab, mit der sich die Spannungen ändern, und treten daher bei dynamischen Messungen zusätzlich und verfälschend in Erscheinung.

Ein besonders typisches Gebiet dynamischer Messungen ist die Schwingungsmessung. Hier besteht die Eingangsgröße aus einer sich im einfachsten Fall sinusförmig ändernden Größe, z. B. einem Weg x

$$x = X \sin \omega t \, , \tag{8a}$$

wobei X die Amplitude der Schwingung und $\omega = 2\pi f$ die Kreisfrequenz bedeuten.

Nach Gl. (7a) wird dann die bei derartigen dynamischen Messungen zusätzlich auftretende Massenkraft F_m

$$F_m = -\, m\, \widehat{X}\, \omega^2 \sin \omega t \, . \tag{8b}$$

Sie nimmt mit ω^2 zu, so daß sie um so größer wird und damit um so mehr das Meßergebnis verfälscht, je höher die Frequenz der zu messenden Schwingung ist.

Für Schwingungsmeßgeräte, wie überhaupt für alle dynamischen Meßgeräte, spielt daher die Verringerung der Massen im mechanischen bzw. der Kapazitäten und/oder Induktivitäten im elektrischen Fall eine entscheidende Rolle. Besonders kleine Massen erreicht man mit Meßgrößenaufnehmern, die die zu messende nichtelektrische Größe (z. B. den Weg, die Geschwindigkeit usw.) in eine elektrische Größe umsetzen, die man dann leicht mit den Mitteln der Elektronik verstärken kann [RA 13] [1].

Mathematisch formuliert lautet die Forderung für das Verhalten eines idealen Meßgeräts mit der Eingangsgröße $x_e(t)$ und der idealen Ausgangsgröße $x_{a\,id}(t)$

$$x_{a\,id}(t) = \text{const } x_e(t), \tag{9a}$$

wobei die Konstante im allgemeinen dimensionsbehaftet ist und die Umsetzung einer physikalischen Eingangsgröße in eine andere Ausgangsgröße berücksichtigt. Die Konstante stellt die Empfindlichkeit des Meßgeräts dar.

Moderne Meßgeräte haben oft gleichzeitig die Aufgabe, eine gegebene Rechenoperation vorzunehmen, wie im Abschn. 2. bereits erläutert. Daher lautet die Gl. (9a) allgemeiner

$$x_{a\,id}(t) = \text{Op } \{x_e(t)\} \, , \tag{9b}$$

wobei das Symbol Op { } allgemein für eine beliebig gewünschte Rechenoperation steht, die vom Meßgerät vorgenommen werden soll. Die Gl. (9b) enthält natürlich Gl. (9a) als Sonderfall; denn die Multiplikation mit einer Konstanten ist die einfachste mathematische Operation.

Tatsächlich läßt sich die durch Gl. (9b) formulierte Forderung jedoch nicht exakt erfüllen, da neben den bereits im Abschn. 3.1. betrachteten Meßfehlern einschließlich der durch Störungen hervorgerufenen Verfälschung dynamische Wirkungen von Massen, Kondensatoren usw. auftreten, die mathematisch durch Differentialgleichungen beschrieben werden.

Betrachten wir als einfaches Beispiel das in Bild 6 schematisch dargestellte Feder-Masse-Dämpfungssystem mit Festpunkt, wie wir es z. B.
bei jedem Kraftmeßgerät vorfinden. Bei diesem Meßgerät ist die Eingangsgröße x_e die zu messende Kraft $F(t)$, die Ausgangsgröße x_a ist der z. B.
auf einer Skale ablesbare Ausschlag x.

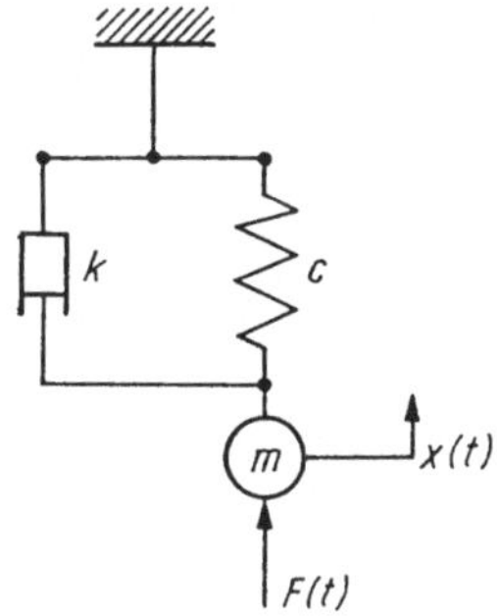

Bild 6. Feder-Masse-Dämpfungssystem mit Festpunkt
als Modell für das dynamische Verhalten eines
Kraftmeßgeräts

Anstelle des gewünschten Verhaltens entsprechend Gl. (9a)

$$x_{\mathrm{id}}(t) = \mathrm{const}\, F(t) = 1/c\, F(t) \tag{10a}$$

erhalten wir tatsächlich bei Kräftegleichgewicht die Differentialgleichung

$$m\ddot{x} + k\dot{x} + cx = F(t)\,. \tag{10b}$$

Hierbei stellt $m\ddot{x}$ die Massenkraft nach Gl. (7a), $k\dot{x}$ die geschwin-
digkeitsproportionale Dämpfungskraft und cx die Kraft der um den
Weg x gespannten Feder dar.
Bild 7 zeigt das aus der Gl. (10b) nach den Rechenregeln zur Lösung
derartiger linearer inhomogener Differentialgleichungen erhaltene Verhältnis der Amplitude der Ausgangsgröße $\hat{x}$ bezogen auf die der Eingangsgröße $\hat{F}$ in Abhängigkeit von der Frequenz ω für eine sinusförmig
verlaufende Kraft $F(t) = \hat{F} \sin \omega t$ mit verschiedenen Frequenzen ω.
Für dieses Verhältnis, das die nunmehr geschwindigkeitsabhängige Konstante in Gl. (10a) darstellt [2], ergibt sich die Gleichung

$$\frac{\hat{x}_a}{\hat{x}_e} = \frac{\hat{x}}{\hat{F}} = \frac{1/c}{\sqrt{1 - \omega^2/\omega_0^2)^2 + 4D^2\,\omega^2/\omega_0^2}}\,; \tag{11}$$

$$\left.\begin{array}{l}
\omega_0 = \sqrt{c/m} \text{ Eigenfrequenz des ungedämpften} \\
\text{Systems} \\[2mm]
1/c \quad \text{reziproke Federkonstante} \\[2mm]
D = \dfrac{\omega_0}{\delta} = \dfrac{k}{2m\,\omega_0} \text{ normierte Dämpfung} \\[2mm]
\qquad\qquad\quad \text{des Systems.}
\end{array}\right\} \tag{12a, b, c}$$

In der Regelungstechnik ist diese Funktion als Amplitudengang bekannt
[RA 10].

Bild 7 zeigt, wie auch aus den Gln. (10a) und (11) ablesbar, daß für statische Messungen (d. h. für die Frequenz $\omega \to 0$) die statische Empfindlichkeit $1/c$ ist. Wegen des Hookschen Gesetzes $F = cx$ sieht man dies auch physikalisch-anschaulich sofort ein. Dagegen kann das Meßgerät je nach der Frequenz ω der zu messenden Schwingung und der Dämpfung D des Meßgeräts sowohl zu große als auch zu kleine Werte anzeigen. Offensichtlich wird ein mit $D \approx 1$ (genauer $D = 0{,}6 \ldots 0{,}7$; s. Abschn. 5.2. und [2]) gedämpftes Meßgerät am günstigsten sein, da man dann nach Bild 7 alle Schwingungen bis etwa zur Eigenfrequenz ω_0 des Meßgeräts richtig mißt. Erst Schwingungen mit höheren Frequenzen $\omega > \omega_0$ werden stark verfälscht, und zwar werden sie zu niedrig gemessen. Die „dynamische Empfindlichkeit" des Meßgeräts sinkt für höhere Frequenzen stark ab.

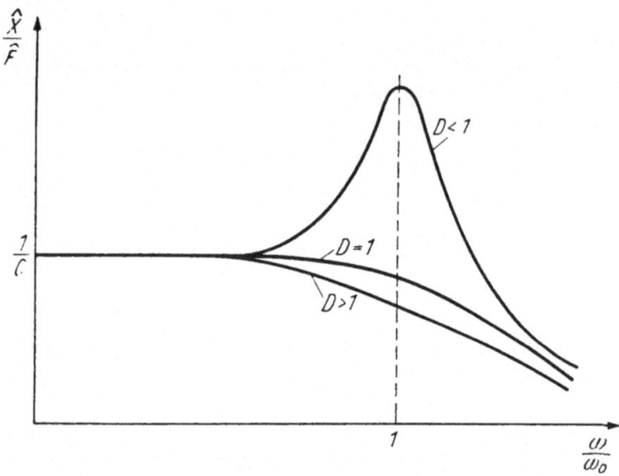

Bild 7. Grundsätzlicher Verlauf der Empfindlichkeit des Kraftmeßgeräts nach Bild 6 in Abhängigkeit von der Frequenz bei sinusförmiger Erregung

Nach diesen Überlegungen müßten Meßgeräte mit gutem dynamischem Verhalten eine möglichst hohe Eigenfrequenz ω_0 aufweisen. Nach Gl. (12a) läßt sich dies durch Wahl einer möglichst kleinen Masse m und einer möglichst großen Federkonstante c erreichen. Hohe Federkonstante c bedeutet jedoch, daß das Meßgerät sehr „starr" ist und daß damit die statische Empfindlichkeit $1/c$ nach Gl. (12b) zurückgeht. Letztlich heißt dies, daß der Weg x, um den sich die Masse im Bild 6 beim Anlegen einer Kraft verstellt, sehr klein wird. Bei rein mechanisch wirkenden Meßgeräten versucht man, diese Verkleinerung des Weges durch eine größere Übersetzung beim Zeigerausschlag wieder auszugleichen. Hier kommt man jedoch bald an eine Grenze, da die Reibungskraft der Lagerung des Zeigers in umgekehrtem Verhältnis übersetzt wird, so daß der reibungsbedingte statische Meßfehler, der im Abschn. 3.1. bereits behandelt wurde, dann zu groß wird. Man sieht, daß der einzige Ausweg aus diesem Dilemma darin besteht, die geringe vom Meßgerät abgegebene Leistung zu verstärken, um dann selbst relativ schwergängige Anzeigegeräte (z. B. schreibende

Meßgeräte) mit der erforderlichen großen Leistung steuern zu können. Eine derartige Leistungsverstärkung läßt sich besonders elegant und nahezu fehlerfrei mit elektronischen Mitteln durchführen, weshalb die Umsetzung der zu messenden Größe in eine elektrische Größe in steigendem Maß vorgenommen wird [1] [RA 13].

Es sei hier bereits darauf hingewiesen, daß sich die vorn für Meßgrößen mit sinusförmigem Zeitverlauf durchgeführten Überlegungen auch auf beliebige Zeitfunktionen $x_e(t)$ erweitern lassen. Dies ist deswegen möglich, weil sich nach dem Satz von *Fourier* jede Funktion in eine Summe (bei periodischen Funktionen) bzw. in ein Integral (bei nichtperiodischen Funktionen) von Sinusschwingungen zerlegen läßt, für die dann die angegebenen Überlegungen zutreffen. Hierauf soll besonders im Abschn. 5. näher eingegangen werden.

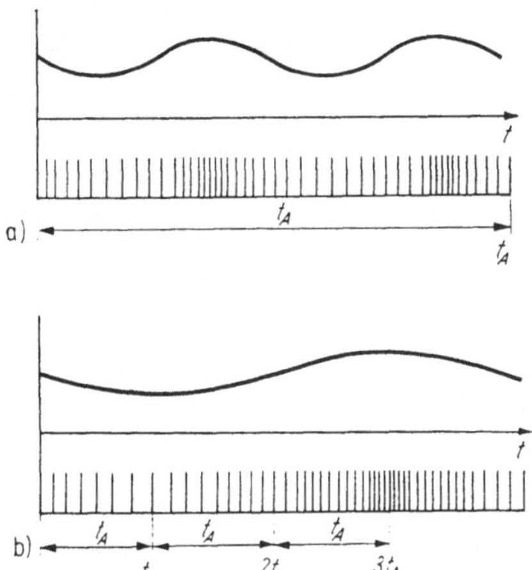

Bild 8
Zur Erläuterung des Satzes (13)

Während die bisherigen Untersuchungen die dynamischen Fehler bei analogen Meßverfahren betrachteten, sollen die grundsätzlichen Überlegungen nunmehr auch auf digitale Meßverfahren erweitert werden. Nach dem im Abschnitt 3.1. ausgeführten, insbesondere der Gl. (6b), hängt der statische Meßfehler von der Einschaltzeit t_A des Zählers für die Impulse, die den Meßwert repräsentieren, ab. Eine Vergrößerung dieser Einschaltzeit t_A verringert demnach zwar den Fehler der digitalen Messung, verschlechtert aber andererseits das dynamische Verhalten. Der Meßwert steht nämlich nicht, wie bei der analogen Messung, dauernd zur Verfügung, sondern er erscheint jeweils erst nach Ablauf der Einschaltzeit t_A in dem Zähler der Meßeinrichtung (s. Bild 5). Der Meßwertverlauf innerhalb der durch die Einschaltzeit t_A festgelegten Zeitintervalle wird gemittelt, da ja die Gesamtzahl der Impulse angezeigt wird und diese dem Mittelwert des Meßgrößenverlaufs entspricht. Hierbei gilt der wichtige Satz:

Änderungen des Meßwerts werden bei digitalen Messungen nur dann erfaßt, wenn die Periode der Änderungen größer als die doppelte Einschaltzeit t_A ist. (13)

19

Zur Erläuterung dieses Satzes diene das Bild 8. Bei Bild 8a ist die Zeit t_A groß gegenüber der Periode der Änderungen der Meßgröße. Die Zahl der Impulse entspricht dann dem Mittelwert der Meßgröße, so daß der dynamische Verlauf der Meßgröße nicht angezeigt wird. Dagegen erkennt man bei Bild 8b, daß im umgekehrten Fall die Zahl der Impulse, die auf dem Zähler erscheint, in den verschiedenen Zeiten t_A, $2t_A$ ... sich ändert und daß hier der dynamische Verlauf erfaßt wird. Eine genauere Aussage zur Präzisierung des Satzes (13) wird im Abschn. 5.4. durchgeführt.

4. Zusammenhang zwischen Meßfehler und Meßwertspeicherung

Im Zusammenhang mit der Automatisierung der Messungen, wie sie im Abschn. 2. bereits kurz umrissen wurde, spielt die Speicherung der Meßwerte eine besondere Rolle.

Zum einen müssen Meßwerte, die zu einem späteren Zeitpunkt oder zu Berechnungen wieder benötigt werden, in geeigneter Form aufgezeichnet werden. Dieses Problem wird daher um so bedeutsamer, je mehr Meßwerte gewonnen werden und je komplexer die zu lösenden Meßaufgaben sind.

Zum anderen ist die Speicherung von Werten Voraussetzung für jede Steuerung von Maschinen, wobei hinter der Meßeinrichtung ein Vergleich des tatsächlichen Wertes mit dem gespeicherten Sollwert vorgenommen werden muß. Daher ergeben sich z. B. bei der numerischen Steuerung von Maschinen (Speicherung von Sollwerten) dieselben Probleme wie bei der Speicherung von Meßwerten. Auch die im folgenden abzuleitenden Zusammenhänge zwischen Speicherung und Meßfehler gelten hier wie dort, wie auch die abschließenden Beispiele zeigen werden.

Die Speicherung von Meßwerten kann grundsätzlich in analoger oder digitaler Form erfolgen. Diesen zwei verschiedenen Formen der Meßwertspeicherung entsprechen z. B. die klassischen, für die Speicherung und Verarbeitung durch den Menschen zugeschnittenen Möglichkeiten der Speicherung in Diagrammform (analog; Meßwerte durch Längen dargestellt) oder in Ziffernform (digital; Meßwerte als Ziffern durch Symbole dargestellt). Beide Arten der Meßwertspeicherung sind speziell auf die Ablesung durch den Menschen ausgerichtet, dagegen sind sie für Maschinenablesung sehr schlecht geeignet. Das Problem der automatischen Ziffern- und Schriftzeichenerkennung (alphanumerische Zeichenerkennung) ist zwar heute bereits grundsätzlich gelöst; der Aufwand ist jedoch so groß, daß gegenwärtig ein Einsatz in der Meßtechnik noch nicht abzusehen ist.

Für die elektronische Speicherung in Informationsverarbeitungsanlagen haben sich bekanntlich Speicher aus Bausteinen mit zwei stabilen Zuständen (Binärspeicher) eingebürgert. Die wichtigsten, auch zur Speicherung von Meßwerten eingesetzten Binärspeicher sind im Bild 9 überblicksmäßig dargestellt. Bild 9a zeigt eine bistabile Schaltung, bei der jeweils entweder der Transistor $T1$ oder $T2$ Strom führen kann, während sich der andere in gesperrtem Zustand befindet (Flip-Flop). Dies wird durch die Gleichstromkopplung über die Widerstände R zwischen den beiden Transistoren erreicht. Man kann daher mit einer Flip-Flop-Stufe jeweils zwei Binär-Ziffern (bit) (0 $\triangleq$ Tr_1 leitend; L $\triangleq$ Tr_2 leitend) speichern. Vor allem zur Speicherung mit kurzer Zugriffszeit (Größenordnung von Mikrosekunden und darunter) wird neben diesem Flip-Flop der Ferritkern nach Bild 9b benutzt. Je nach dem Vorzeichen des Stromes

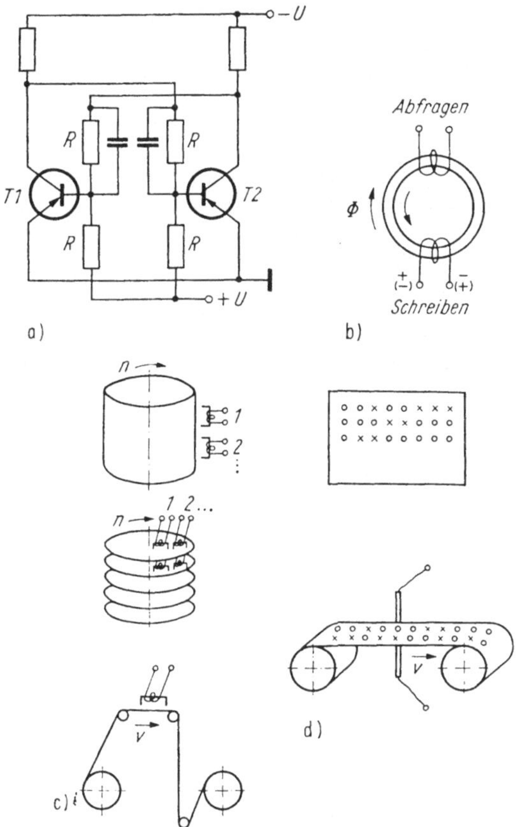

Bild 9. *Übersicht über die wichtigsten zur Meßwertspeicherung verwendeten Binärspeicher*

a) Flip-Flop-Schaltung; b) Ferritkern; c) Trommelspeicher; Plattenspeicher; Bandspeicher; d) Lochkarte; Lochband

in der Schreibwicklung wird der magnetische Fluß Φ im Kern entweder im Uhrzeiger- oder im Gegenuhrzeigersinn gerichtet. Durch Verwendung von Ferritkernen mit möglichst rechteckiger Hysteresekurve erhält man eine relative starke remanente Magnetisierung. Durch einen Strom in der Abfragewicklung kann geprüft werden, ob der remanente Magnetismus einem gespeicherten Symbol 0 (z. B. Uhrzeigersinn des remanenten

Flusses) bzw. L (z. B. Gegenuhrzeigersinn des remanenten Flusses) entspricht.

Das gleiche Prinzip läßt sich auch mit bewegtem magnetisierbarem Medium realisieren. Hierzu zeigt Bild 9c die drei gebräuchlichsten Prinzipien. Auf eine *Trommel*, die sich mit der Umdrehungszahl n dreht, wird eine magnetisierbare Schicht aufgetragen. Die Sprech- bzw. Leseköpfe 1, 2, ... magnetisieren jeweils einzelne Spuren der Trommel abschnittsweise, so daß sich in jedem magnetisierten Abschnitt auf einer Spur ein O-, oder L-Symbol unterbingen läßt. Bei der Anordnung der magnetisierbaren Schicht auf *Platten* lassen sich auf dem gleichen Raum mehr Spuren und damit mehr Speicherkapazität unterbringen. Noch mehr Information läßt sich speichern, wenn man *Magnetbänder* verwendet. Trommel- und Plattenspeicher haben Zugriffszeiten (Zeit, die man warten muß, bis die Information abgenommen werden kann), die von der Umdrehungszahl n abhängen und in der Größenordnung von Millisekunden liegen. Dagegen ergeben sich bei der Speicherung auf Magnetband wegen der begrenzten maximalen Bandgeschwindigkeit v Zugriffszeiten in der Größenordnung von Sekunden.

Schließlich verwendet man für die Speicherung *Lochkarten* und *Lochbänder* (Bild 9d), in die die Information durch elektromechanische Stanzer eingeschrieben und durch Bürsten oder elektrooptische Abtastung wieder ausgelesen werden kann. Gerade diese beiden Speicherarten mit Papier als Speichermedium eignen sich besonders zur Eingabe der Information durch den Menschen, da die Lochung leicht von Hand vorgenommen werden kann. Wegen des großen erforderlichen Umfangs von gespeicherten Zahlen werden für numerisch gesteuerte Maschinen und für die Speicherung von Meßwerten vor allem die in Bild 9c, d skizzierten Methoden benutzt, während für die Speicherung insbesondere von Zwischenergebnissen bei der digitalen Meßwertverarbeitung die Prinzipien nach Bild 9a, b in Frage kommen.

Eine für viele Anwendungen sehr wichtige Frage ist auch die Löschung der gespeicherten Informationen. Während die im Bild 9a, b und c skizzierten Flip-Flop-Speicher und die magnetischen Speicher leicht gelöscht und wieder mit anderer Information belegt werden können, ist bei den im Bild 9d dargestellten Lochkarten bzw. Lochbändern eine Löschung der Information und das Einschreiben einer neuen Information nicht möglich.

Wir wollen nunmehr die Frage klären, wieviel derartige Flip-Flops, Ferritkerne bzw. Speicherplätze (z. B. Lochungsmöglichkeiten auf Lochkarten bzw. -streifen) man zum Speichern eines Meßwerts benötigt.

Hierzu überlegen wir uns zunächst, wie viele verschiedene Meßwertstufen man mit einem Meßgerät mit gegebenem absolutem Fehler $\pm \triangle \alpha$ unterscheiden kann. Wir führen hierzu den relativen Fehler

$$F = \pm \frac{\triangle \alpha}{\alpha} \tag{14}$$

ein, d. h., wir beziehen den Fehler auf den maximalen Ausschlag $\hat{a}$. Dies entspricht der bereits im Abschnitt 3.1. eingeführten Betrachtungsweise. Wie im Bild 10 grafisch dargestellt, erhält man dann um jeden Wert α einen durch den absoluten Fehler $\pm \triangle \alpha$ festgelegten Unsicherheitsbereich, in dem der Meßwert tatsächlich liegen kann, wobei jedoch

der Wert α angezeigt wird. Füllt man nun den gesamten durch die Werte
0 und $\hat{a}$ begrenzten Meßbereich durch derartige nebeneinanderliegende
Unsicherheitsbreiche aus, so erhält man insgesamt

$$m = \frac{\hat{a}}{2\,\triangle\alpha} + 1 = \frac{1}{2\,F} + 1 \qquad (15)$$

derartige Bereiche. Dabei ist der Wert $0 \pm \triangle\alpha$ als ein Bereich mitzu-
zählen, daher der Summand $+1$ in Gl. (15). Im Bild 10 sind in der oberen
Skale die sich ergebenden Verhältnisse für eine Skale der Teilung 0 bis
100 dargestellt, wobei der Meßfehler $F = \pm 0,5\%$ beträgt. Wie mit Gl.
(15) berechenbar und aus Bild 10 auch direkt ablesbar, kann man dann
die Meßwerte $0, 1, 2, \ldots, 100$, d. h. $m = 101$ Meßwertstufen, unterscheiden.

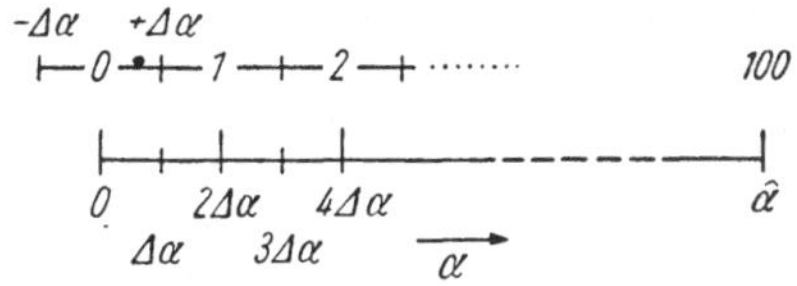

Bild 10. Zur Ableitung der Zahl der unterscheidbaren Meßwertstufen

Offensichtlich hätte es demnach auch keinen Sinn, auf der Skale eines
Meßgeräts mehr Unterteilung anzubringen, als dieser Zahl der Meßwertstufen entspricht, da man ja ohnehin nicht genauer messen kann
und daher sonst beim Ablesenden eine höhere Meßgenauigkeit vor-
täuschen würde als tatsächlich vorhanden [RA 69].

> Durch die Zahl der unterscheidbaren Meßwerstufen m wird
> gleichzeitig die zweckmäßige Unterteilung der Skale von Meß- (16)
> geräten festgelegt.

Wir ziehen nunmehr ein digitales Meßgerät zusätzlich zum Vergleich
mit dem genannten analogen Meßgerät heran. Wie man anschaulich
erkennt, entspricht dem analogen Meßgerät mit m unterscheidbaren
Meßwertstufen bezüglich der erreichbaren Meßgenauigkeit ein digitales
Meßgerät, auf dessen Ablesefeld die Ziffern 0 bis m erscheinen können,
z. B. erhält man mit einem analogen Meßgerät mit $\pm 0,5\%$ Fehler $m \approx$
100 unterscheidbare Meßwertstufen (genau $m = 101$), bei einem digitalen
mit einem zweistelligen Anzeigefeld (für zwei Dezimalziffern, d. h. für
die Zahlen 0 bis 99) ebenfalls $m = 100$ unterscheidbare Meßwertstufen.
Entsprechend würde ein analoges Meßgerät mit $\pm 0,5\permil$ Fehler einem
digitalen mit dreistelliger Anzeigetafel bezüglich des Fehlers gleichwertig sein. Ein analoges Anzeigegerät mit zwei Zeigern für Grob- und
Feinanzeige und je einer Anzeigegenauigkeit von $\pm 0,5\%$ würde demnach
einer Digitalanzeige mit vier Dezimalziffern entsprechen. Ein typisches
Beispiel hierfür ist die Uhr, bei der zwei derartige Zeiger benutzt werden.
Bei der digitalen Anzeige braucht man eine Zifferntafel mit vier Dezimal-
stellen.

Allgemein folgt also der Satz:

> Ein analoges Meßgerät mit m unterscheidbaren Meßwertstufen
> ist einem digitalen Meßgerät mit einer Zifferntafel für m Ziffern (17)
> bezüglich des Meßfehlers gleichwertig.

Wir haben damit für analoge und digitale Meßgeräte die gleiche Kenngröße, die Zahl der unterscheidbaren Meßwertstufen m, eingeführt. Zur Speicherung derartiger Meßwerte mit den im Bild 9 gezeigten binären Speichern müssen wir nunmehr errechnen, wieviel Binärstellen s man zur Darstellung einer Dezimalzahl m benötigt. Da man zur Speicherung je Binärstelle (OL) ein Flip-Flop oder einen Ferritkern bzw. eine Speicherzelle der Speicher mit bewegtem magnetischem Speichermedium oder eine Lochungsmöglichkeit bei Lochkarten und Lochband braucht, stellt s gleichzeitig die Zahl dieser benötigten Speichereinheiten dar.

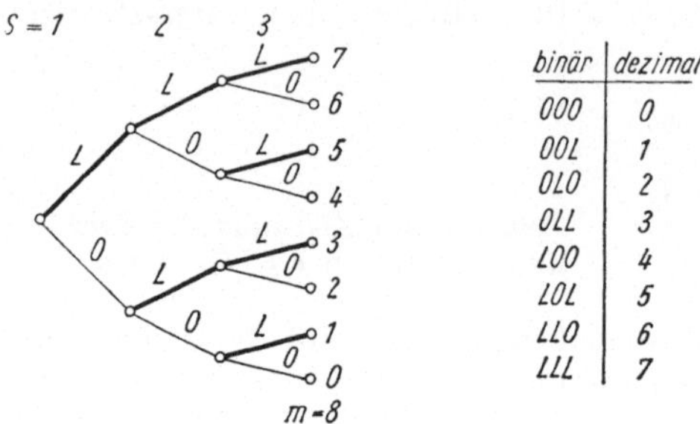

Bild 11. Speicherung von Dezimalzahlen in Binärspeichern

Wie Bild 11 anschaulich andeutet, kann man mit $s = 1$ Binärstelle, d. h. beispielsweise mit einer Lochungsmöglichkeit, zwei Ziffern darstellen. Entsprechend ergeben sich bei $s = 2$ Binärstellen vier Dezimalzahlen, mit $s = 3$ Binärstellen acht Dezimalzahlen usw. Allgemein gilt folglich

$$m = 2^s \tag{18a}$$

als Zusammenhang zwischen der Zahl der unterscheidbaren Meßwertstufen m (im Dezimalsystem) und der Zahl der zur Speicherung notwendigen Lochungsmöglichkeiten s (im Binärsystem).

Die Auflösung der Gl. (18a) nach s löst die vorn angegebene Aufgabe

$$s = {}^2\!\log m = \operatorname{ld} m . \tag{18b}$$

Mit Hilfe dieser Beziehung läßt sich die Zahl der notwendigen Speicherzellen bei gegebener Zahl der unterscheidbaren Meßwertstufen berechnen. Hierbei bedeutet das Symbol ld den „dyadischen Logarithmus", d. h. den Logarithmus zur Basis 2. Mit dem Modul des Zweier-Logarithmensystems kann die Gleichung auf Briggsche (dekadische) Logarithmen umgerechnet werden:

$$s = {}^2\!\log m = {}^2\!\log 10\; {}^{10}\!\log m = 3{,}32193\; {}^{10}\!\log m . \tag{18c}$$

24

Führt man nun noch den Meßfehler nach Gl. (15) ein, so erhält man direkt als Zusammenhang zwischen Meßfehler F und Zahl der Speicherzellen s

$$s = \operatorname{ld}\left(\frac{1}{2\,F} + 1\right) = 3{,}32193\ {}^{10}\!\log\left(\frac{1}{2\,F} + 1\right). \tag{18d}$$

Da s die Zahl der Zweier-Entscheidungen angibt, die man benötigt, um eine Dezimalzahl m oder einen Meßwert mit dem Fehler F darzustellen, gibt man s in der Einheit „Zweierschritte", englisch „binary digit" oder kürzer bit, an. Da man jede Information aus derartigen Zweier-Entscheidungen aufbauen kann, wird die Einheit bit als Einheit der Information bezeichnet.

Die Information wird in binary digit, kürzer bit, gemessen. (19)

In der Informationstheorie, der Theorie der Nachrichtenverarbeitung, bei der numerischen Steuerung usw. wird in großem Umfang mit dieser Einheit gerechnet RA 5; [3] [4] [5]. Darüber hinaus ist sie der Schlüsselbegriff der gesamten Kybernetik und hat daher auch in die moderne Biologie, Medizin, Psychologie usw. Eingang gefunden.
Bevor anhand einer Reihe von Beispielen die Bedeutung der gewonnenen Zusammenhänge für die Praxis erläutert werden wird, sei noch auf die mathematische Darstellung von Zahlen in verschiedenen Zahlensystemen verwiesen, die den Gln. (18a bis 18d) zugrunde liegt. Eine Zahl z läßt sich darstellen durch

$$z = a_n\,b^n + a_{n-1}\,b^{n-1} + a_{n-2}\,b^{n-2} + \ldots + a_1 b^1 + a_0 b^0, \tag{20a}$$

b Basis des Zahlensystems

a_n jeweiliger Stellenwert.

Im Dezimalsystem, mit dem wir zu rechnen gewohnt sind, ist $b = 10$, im Binärsystem $b = 2$. Die dezimale Zahl 6 z. B. wird im Binärsystem durch

$$6 = 1 \cdot 2^2 + 1 \cdot 2^1 + 0 \cdot 2^0 \tag{20b}$$

dargestellt. Die im Bild 11 angegebene Tabelle läßt dieses Bildungsgesetz erkennen.
Als Beispiel sei zunächst ein analog arbeitendes Meßgerät mit einem Fehler von $F = \pm 0{,}5\%$ betrachtet. Zur Speicherung eines Meßwerts dieses Meßgeräts benötigt man bei $m = 101$ Meßwertstufen nach Gl. (18d) eine Speicherkapazität von

$$s = 3{,}32193\ {}^{10}\!\log 101 = 6{,}65\ \text{bit.}$$

Man würde also z. B. eine Lochkarte oder einen Lochstreifen mit sieben Lochungsmöglichkeiten zur Speicherung eines Meßwerts verwenden müssen (halbe Lochungen sind natürlich nicht möglich, so daß die nächsthöhere ganze Zahl zu wählen ist).

Eine Verminderung der Meßfehler um den Faktor 10, d. h. in unserem
Beispiel auf $F = \pm 0,5^0/_{00}$, bedeutet eine Verzehnfachung der Zahl der
Meßwertstufen, was sich nach Gl. (19d) als Addition von 3,32 bit aus-
wirkt; denn es gilt

$$s = 3{,}32193\ ^{10}\!\log (a \cdot 10) = 3{,}32193\ ^{10}\!\log a + 3{,}32193\ ^{10}\!\log 10$$

$$= 3{,}32193 + 3{,}32193\ ^{10}\!\log a.$$

In unserem Beispiel würde man also in diesem Fall 9,97 bit, d. h. zehn
Lochungsmöglichkeiten, zur Speicherung eines Meßwerts vorsehen müssen.

Als weiteres Beispiel sei ein digitales Meßgerät betrachtet, das eine fünf-
stellige Anzeigetafel habe (Ziffern 0 bis 99999). Zu den 10^5 möglichen
Meßwerten gehören nach Gl. (18c)

$$s = 5 \cdot 3{,}322 = 16{,}61 \text{ bit.}$$

Es sind also 17 Binärspeicherzellen zur Speicherung eines Meßwerts
erforderlich.

Die bisher angestellten Überlegungen lassen sich umkehren. Wir können
nämlich genauso auch berechnen, mit welcher Genauigkeit sich ein bi-
närer gespeicherter Wert einstellen läßt. Beispielsweise würde einem
auf einem Lochband durch 17 Lochungsmöglichkeiten[1]) (z. B. Lochband-
spuren) gespeicherten Wert eine Genauigkeit von etwa $\pm\ 1/2 \cdot 10^{-5}$
entsprechen, wie die obige Rechnung zeigt. Dies spielt bei numerisch
gesteuerten Maschinen eine Rolle. Daher zum Abschluß dieses Abschnitts
auch hierzu ein Beispiel:

Eine numerisch gesteuerte Bohrmaschine mit Zwei-Koordinaten-Steuerung
(x,y-Steuerung) soll bei einer maximalen Verstellung in x-Richtung
von 2 m und in y-Richtung von 0,5 m eine Einstellgenauigkeit von $\triangle x =
\triangle y = \pm 10\ \mu\text{m}$ haben. Wieviel Lochbandspuren[1]) benötigt man zur
Steuerung ?

Für die x-Koordinate ergibt sich eine Genauigkeitsforderung von

$$\pm 10\mu\text{m} : 2\ \text{m} = \pm 5 \cdot 10^{-6}.$$

Dies entspricht also dem zulässigen relativen Fehler einer entsprechenden Meßeinrichtung. Nach Gl. (18d) ergibt dies

$$s = 3{,}32193 \cdot {}^{10}\!\log \left(\frac{1}{2 \cdot 5 \cdot 10^{-6}} + 1 \right) = 5 \cdot 3{,}32193 = 16{,}61 \text{ bit.}$$

Man benötigt also 17 Lochungsmöglichkeiten für die Steuerung eines
Wertes auf der x-Achse mit der geforderten Genauigkeit.

Für die y-Richtung wird der gleiche absolute Fehler von $\pm 10\mu\text{m}$, jedoch
bei einer maximalen Verstellung von 0,5 m gefordert. Der relative Fehler
beträgt dann

$$\pm 10\ \mu\text{m} : 0{,}5\ \text{m} = \pm 2 \cdot 10^{-5}.$$

---

[1]) Die Unterbringung dieser Lochungsmöglichkeiten auf dem Lochstreifen bzw. auf der Lochkarte kann in Reihe oder parallel oder durch Kombination beider geschehen. Meist werden
auch noch eine oder mehrere zusätzliche Lochungsmöglichkeiten zur Sicherung gegen Fehler
(Prüfbits) vorgesehen.

Nach Gl. (18d) errechnet sich damit

$$s = 3{,}32193 \cdot {}^{10}\!\log\left(\frac{1}{2 \cdot 2 \cdot 10^{-5}} + 1\right) = 14{,}61 \text{ bit.}$$

Gegenüber dem Wert für die x-Richtung müssen sich 2 bit weniger ergeben, da die Forderung an die Genauigkeit in y-Richtung um den Faktor 4 geringer ist, d. h. wegen des Logarithmensystems mit der Basis 2 eine Verminderung um $\triangle s = 2$ bit eintreten muß.

Zusätzlich zu den 17 Lochungsmöglichkeiten für die Einstellung der x-Richtung werden also noch 15 Lochungsmöglichkeiten für die y-Richtung benötigt. Zur numerischen Steuerung eines zu bohrenden Loches auf der 2 m × 0,5 m großen Fläche mit einer Genauigkeit von ± 10 µm in x- und y-Richtung würden sich $s = 32$ bit ergeben, d. h., man müßte 32 Lochungsmöglichkeiten vorsehen.

5. Grenzfrequenz und Einschwingzeit als Kenngrößen für Meßgeräte

5.1. Allgemeines

Im Abschn. 3.2. wurde bereits darauf hingewiesen, daß das dynamische Verhalten von Meßeinrichtungen wegen der nichtvernachlässigbaren Massen, Kapazitäten usw. durch Differentialgleichungen beschrieben wird. Diese Differentialgleichungen enthalten eine Reihe von Konstanten — z. B. die Masse, Federkonstante, Dämpfungskonstante in der Differentialgleichung (10b) —, die man bei der Beschreibung des dynamischen Verhaltens durch diese Differentialgleichung experimentell zu bestimmen hätte. Diese Methode der Bestimmung der einzelnen Konstanten der Differentialgleichung bei der „dynamischen Kalibrierung" ist jedoch unzweckmäßig, da die Konstanten einzeln im allgemeinen sehr schwer experimentell zu erfassen sind. Daher verwendet man für die Ermittlung des dynamischen Verhaltens eines Meßgeräts geeignetere Methoden, die auf der experimentellen Aufnahme von ausgewählten Kennfunktionen bzw. Kennwerten beruhen.

Bekanntlich ist es in der Technik üblich und vorteilhaft, zur Charakterisierung der Leistungsfähigkeit eines Geräts Kennlinienblätter oder Kenndaten zu benutzen, so daß auch aus diesem Grund Differentialgleichungen nicht in Frage kommen.

Derartige Kennfunktionen sollten zudem so ausgewählt werden, daß sie das Verhalten auf typische dynamische Eingangsgrößen kennzeichnen, wie sie auch in der Praxis tatsächlich auftreten. Im allgemeinen verwendet man daher für die Eingangsgröße entweder einen sprungförmigen oder einen stoßförmigen Verlauf und benutzt die entsprechende Ausgangsgröße als Kenngröße. Im Fall eines Meßgeräts bedeutet das also, daß der Meßgrößenverlauf als sprung- oder stoßförmig vorgegeben wird und die sich ergebende Abhängigkeit des Meßwerts von der Zeit als Kennfunktion benutzt wird. Derartige Kennfunktionen, die die Zeit als

Veränderliche enthalten, nennt man „Kenngrößen im Zeitbereich" und
bezeichnet insbesondere die Antwort auf einen Stoß als Eingangsgröße
als „Stoßantwort" oder normiert als „Gewichtsfunktion" $g(t)$, die Antwort auf einen Sprung als Eingangsgröße als „Sprungantwort" oder
entsprechend normiert als „Übergangsfunktion" $h(t)$ [2] [RA 20]. Mit
diesen Kennfunktionen im Zeitbereich und den aus ihnen zu gewinnenden
Kennwerten werden wir uns im Abschn. 5.3. näher beschäftigen.
Für eine ganze Reihe von Meßgeräten, insbesondere für solche zur Schwingungsmessung, interessiert das Verhalten bei sinusförmigen Schwingungen
verschiedener Frequenz f als Eingangsgröße. Im Abschn. 3.2., insbesondere im Bild 7, war die Empfindlichkeit eines Meßgeräts in Abhängigkeit
von der Frequenz f zur Kennzeichunng des dynamischen Verhaltens
bereits benutzt worden. Derartige Kennfunktionen bezeichnet man als
„Kenngrößen im Frequenzbereich", man erhält den sog. „Frequenz-
gang" $G(\mathrm{j}\,\omega)$, dessen Betrag $|G(\mathrm{j}\,\omega)|$, die Empfindlichkeit des Meßgeräts
in Abhängigkeit von .der Frequenz, den sog. „Amplitudengang" des
Meßgeräts darstellt. Im Abschn. 5.2. wollen wir uns zunächst mit diesen
Kennfunktionen beschäftigen.

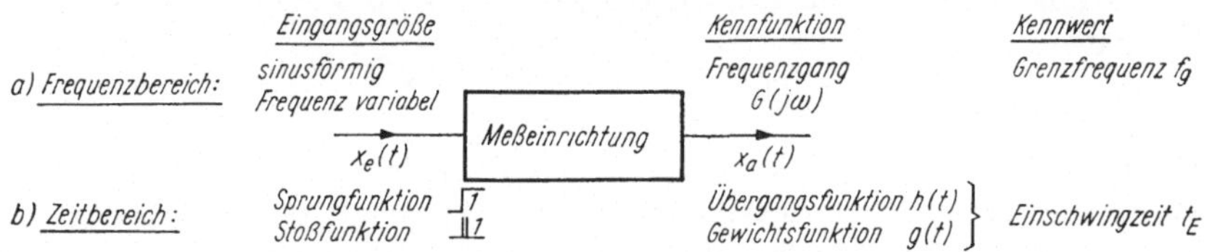

Bild 12. *Überblicksmäßige Darstellung der Kennfunktionen und Kennwerte von Meßeinrichtungen*

Im Bild 12 sind nochmals überblicksmäßig diese Kennfunktionen im
Frequenz- und Zeitbereich zusammengestellt.
Während man in der Regelungstechnik bei der Ermittlung der Auswirkungen des dynamischen Verhaltens von Regelstrecken und Reglern
mit diesen Kennfunktionen rechnet, gibt man sich in der Meßtechnik
oft mit Näherungslösungen zufrieden. Hierfür sind im wesentlichen zwei
Gründe verantwortlich:

Einmal befindet sich die Einführung und Anwendung der genauen Theorie
(der sog. Systemtheorie) in größerem Umfang in der Meßtechnik erst
im Anfangsstadium. Zum anderen ist in der Meßtechnik die tatsächliche
Eingangsgröße von vornherein nicht bekannt; man will sie ja erst durch
die Messung ermitteln. Im Gegensatz zur Regelungstechnik, wo die
Eingangsgröße (Führungsgröße) eines Systems gegeben ist und die Ausgangsgröße (Regelgröße) in ihrem Verlauf berechnet werden soll, liegt
daher in der Meßtechnik die umgekehrte Aufgabenstellung vor. Aus
diesem Grund muß man in der Meßtechnik die im einzelnen nicht bekannte Eingangsgröße ohnehin durch zweckmäßig gewählte Näherungs-
funktionen ersetzen. Verwendet man jedoch bereits für die Eingangsgröße derartige Näherungen, dann hat es auch wenig Sinn, für die Berechnung die mathematisch schwerer zu handhabenden exakten Lösungen

28

unter Verwendung der Kennfunktionen zu benutzen. Näherungslösungen haben dann also eine besondere Berechtigung [6]. Es ist daher sicher auch sinnvoll, anstelle der genauen Kennfunktionen im Frequenz- bzw. Zeitbereich aus diesen zu gewinnende Näherungswerte (Kennwerte) zu benutzen, die zudem den Vorteil der leichteren experimentellen Aufnahme haben. Diese Kennwerte sind die „Grenzfrequenz" f_g, abgeleitet aus der Kennfunktion im Frequenzbereich, bzw. die „Einschwingzeit" t_E, gewonnen aus den Kennfunktionen im Zeitbereich. Im Bild 12 sind diese Kennwerte mit aufgenommen. Mit diesen Kennwerten im Zeit- und Frequenzbereich werden wir uns in den folgenden Abschnitten näher beschäftigen.

Die Kennfunktionen im Frequenz- und Zeitbereich lassen sich auch aus den Differentialgleichungen berechnen. Sie haben daher auch die gleiche Aussagekraft wie diese Gleichungen. Dabei ist es an sich gleichgültig, welche der beiden Kennfunktionen (im Zeit- oder Frequenzbereich) man verwendet, sie lassen sich völlig exakt ineinander umrechnen [2]. Das gleiche gilt natürlich auch für die aus diesen Kennfunktionen zu gewinnenden Näherungswerte — die Kennwerte Grenzfrequenz f_g und Einschwingzeit t_E; auch sie lassen sich ineinander umrechnen. Hierauf wird im Abschn. 5.4. im einzelnen eingegangen werden. In der Praxis werden beide nebeneinander verwendet, wobei nur die Zweckmäßigkeit darüber entscheidet, welchen Kennwert man im speziellen Fall verwendet. Es ist naheliegend, daß z. B. insbesondere für Schwingungsmeßgeräte zur Beschreibung des dynamischen Verhaltens die Grenzfrequenz f_g zweckmäßig sein wird. Sie wird daher in der Praxis für derartige Meßgeräte auch bevorzugt verwendet, während man bei anderen Meßgeräten oft mit der Einschwingzeit rechnet.

5.2. Grenzfrequenz

Um das dynamische Verhalten eines Meßgeräts zu ermitteln, kann man als Eingangsgröße z. B. sinusförmige Schwingungen mit veränderlicher Frequenz f verwenden (Bild 13). Es ist bereits darauf hingewisen worden, daß dies besonders für Schwingungsmeßgeräte zweckmäßig sein wird.

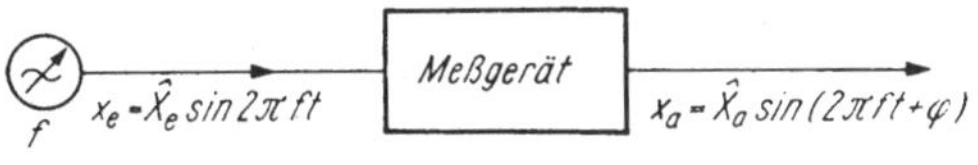

Bild 13. Grundsätzliche Anordnung zur Aufnahme des Amplitudengangs und der Grenzfrequenz

Wie Bild 13 zeigt, verwendet man einen Generator, der die zu messende Größe mit einstellbarer Frequenz f erzeugt, und mißt die Amplitude $\hat{X}_a$ der sich ergebenden Ausgangsgröße $x_a(t)$, die bei Meßgeräten mit linearen Kennlinien ebenfalls sinusförmig mit der gleichen Frequenz f verläuft und die im allgemeinen eine Phasenverschiebung φ gegenüber der Eingangsschwingung hat

$$x_a(t) = \hat{X}_a \sin(2\pi ft + \varphi) \tag{21a}$$

Die Empfindlichkeit des Meßgeräts, die mit $|G(\mathrm{j}\,\omega)|$ bezeichnet sei und auch Amplitudengang genannt wird, wird

$$|G(\mathrm{j}\,\omega)| = \frac{\widehat{X}_{\mathrm{a}}(\omega)}{\widehat{X}_{\mathrm{e}}(\omega)} \tag{21b}$$

definiert und ist im allgemeinen frequenzabhängig. Der Wert für die Frequenz $f = 0$ stellt die statische Empfindlichkeit des Meßgeräts dar. Durch punktweises Aufnehmen der Empfindlichkeit für verschiedene Frequenzen f erhält man Abhängigkeiten der Art, wie sie im Bild 14 für zwei verschiedene Meßgeräte dargestellt sind. Bei dem Meßgerät mit dem Amplitudengang des Bildes 14a bleibt die Empfindlichkeit zunächst konstant und fällt bei hohen Frequenzen ab. Ein derartiges Meßgerät ist daher auch für statische Messungen geeignet. Die meisten Meßgeräte haben ungefähr einen solchen Amplitudengang, z. B. auch das im Abschn. 3.2. behandelte Kraftmeßgerät mit Feder-Masse-Dämpfungssystem, dessen Amplitudengang in Gl. (11) angegeben und im Bild 7 dargestellt ist.

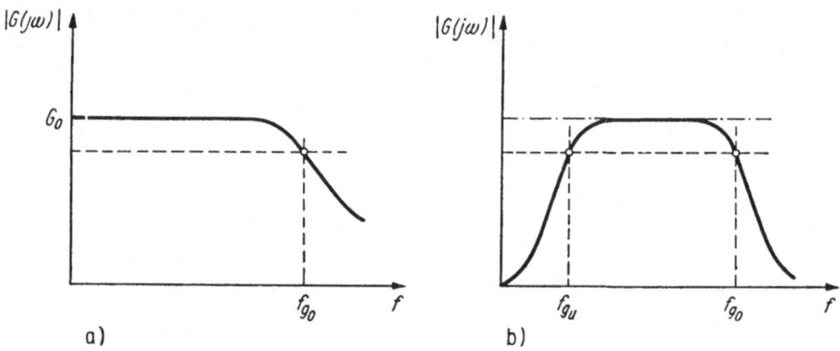

Bild 14. Amplitudengang für verschiedene Meßgeräte
a) Meßgerät, das auch für statische Messungen geeignet ist; b) Meßgerät, mit dem keine statischen Messungen durchgeführt werden können

Dagegen sind Meßgeräte mit einem Amplitudengang nach Bild 14b nicht für statische Messungen geeignet, da ihre Empfindlichkeit für die Frequenz $f = 0$ ebenfalls Null ist. Ein typisches Beispiel hierfür sind sämtliche Meßeinrichtungen nach piezoelektrischem Prinzip, z. B. Meßgeräte, die Quarze oder Bariumtitanate als Meßgrößenaufnehmer benutzen. Bei ihnen werden nämlich beim Anlegen einer Kraft elektrische Ladungen erzeugt, die wegen der stets vorhandenen Kriechströme selbst bei sehr guter Isolierung im Lauf der Zeit abfließen, so daß der Meßwert wieder verschwindet. Alle derartigen Meßeinrichtungen können also erst oberhalb einer bestimmten Frequenz benutzt werden. Auch bei ihnen gibt es bei sehr hohen Frequenzen schließlich einen Abfall der Empfindlichkeit, da sich die Massenkräfte bzw. Ströme durch die stets vorhandenen Kapazitäten im elektrischen Fall bei sehr hohen Frequenzen natürlich auch hier auswirken.

Zur exakten und vollständigen Beschreibung des dynamischen Verhaltens benötigt man neben diesem Amplitudengang auch noch den Phasengang. Hierunter versteht man die Abhängigkeit der Phase φ in Gl. (21a) von der Frequenz f. Amplituden- und Phasengang zusammen haben dieselbe Aussagekraft wie die Differentialgleichung, sind aus dieser auch eindeutig zu berechnen. Umgekehrt kann die Differentialgleichung aus dem z. B. experimentell aufgenommenen Amplituden- und Phasengang ermittelt werden. Oft verwendet man zur Beschreibung sowohl des Phasen- als auch des Amplitudengangs den sog. (komplexen) Frequenzgang, den man in Ortskurven in der komplexen Ebene darstellt [2]. Schließlich sei der Vollständigkeit halber noch darauf hingewiesen, daß bei einer ganzen Klasse von Systemen, den sog. Minimalphasensystemen, die keine Allpässe enthalten, die Angabe des Amplitudengangs allein an sich ausreicht, da bei diesen Systemen Imaginär- und Realteil des komplexen Frequenzgangs einander über die *Hilbert*-Transformation eindeutig zugeordnet sind und sich daher auch der Phasengang aus dem Amplitudengang errechnen läßt und umgekehrt [2] [7].

Während man in der Regelungstechnik stets mit diesem Amplituden- und Phasengang bzw. dem komplexen Frequenzgang rechnet, benutzt man in der Meßtechnik meist aus den im Abschn. 5.1. im einzelnen geschilderten Gründen Näherungen für diese Kurven. Der Grundgedanke, der diesen Näherungen zugrunde liegt, ist der, aus dem Amplitudengang einfache Kennwerte zu gewinnen. Für ein Schwingungsmeßgerät z. B. interessiert den Anwender besonders, für welchen Frequenzbereich er ein derartiges Meßgerät einsetzen kann. Man definiert daher ,,Grenzfrequenzen'' f_g, durch die dieser Frequenzbereich gekennzeichnet wird.

> Durch die Grenzfrequenzen f_g wird der verwendbare Frequenzbereich eines Meßgeräts festgelegt, wobei der Amplitudengang (22) innerhalb dieses Frequenzbereichs einen vorgegebenen Toleranzbereich an keiner Stelle über- bzw. unterschreitet.

In der Meßtechnik beträgt dieser relative Toleranzbereich oft 10%. Gelegentlich wird jedoch auch, wie z. B. in der Elektronik üblich, ein Abfall auf $1/\sqrt{2}$, d. h. 3 dB zugelassen.

Im Bild 14 sind die sich ergebenden Grenzfrequenzen eingezeichnet. Wie man erkennt, hat das auch für statische Messungen geeignete Meßgerät mit dem Amplitudengang des Bildes 14a nur eine ,,obere Grenzfrequenz'' f_go, da es für alle tieferen Frequenzen bis zur Frequenz 0 die gleiche Empfindlichkeit aufweist. Dagegen hat das Meßgerät nach Bild 14b eine ,,obere Grenzfrequenz'' f_go und auch eine ,,untere Grenzfequenz'' f_gu.

Als auch praktisch wichtiges Beispiel betrachten wir das bereits im Abschn. 3.2. behandelte Feder-Masse-Dämpfungssystem (s. Bild 6), wie es zur Messung der Kraft verwendet wird. Zu diesem System gehört nach Gl. (11) im Abschn. 3.2. als Lösung der Differentialgleichung (10b) der Amplitudengang

$$|G(\mathrm{j}\,\omega)| = \frac{\dfrac{1}{c}}{\sqrt{\left(1 - \dfrac{\omega^2}{\omega_0{}^2}\right)^2 + 4D^2\,\dfrac{\omega^2}{\omega_0{}^2}}} \qquad (23\,\mathrm{a})$$

mit der Eigenfrequenz $\omega_0 = \sqrt{c/m}$ und der normierten Dämpfung $D = \delta/\omega_0 = k/(2m\,\omega_0)$. Der Verlauf dieser Funktion ist im Bild 15 dargestellt [2]. Aus diesem Bild können die zwei durch Dämpfung um $\pm\,3$ dB, d. h. Abfall auf das $1/\sqrt{2}$- bzw. Anstieg auf das $\sqrt{2}$-fache, gegebenen Schranken für die Grenzfrequenz abgelesen werden. Man erkennt, daß

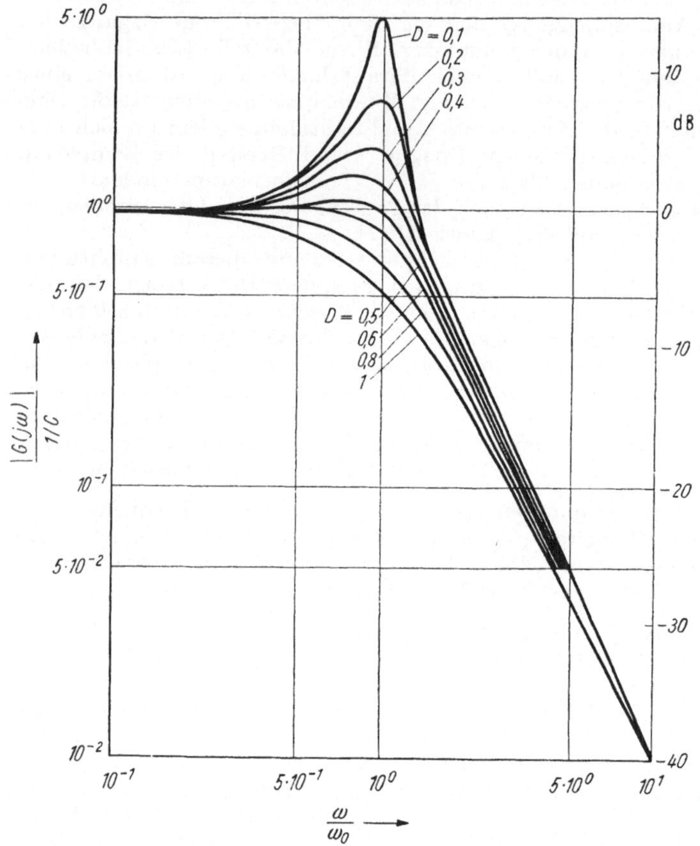

Bild 15. Amplitudengang für das Feder-Masse-Dämpfungssystem (z. B. Kraftmeßgerät)

Dämpfungswerte um $D \approx 0,7$ am günstigsten sind und daß sich für diesen Dämpfungswert eine obere Grenzfrequenz ergibt, die etwa mit der Eigenfrequenz f_0 des Systems übereinstimmt.

Man kann natürlich die Grenzfrequenz auch rechnerisch aus der Gl. (23 a) für den Amplitudengang ermitteln. Hierzu hat man die Werte von f/f_0 zu bestimmen, für die der Nenner in Gl. (23a) den Wert $\sqrt{2}$ bzw. $1/\sqrt{2}$ annimmt. Aus der entsprechenden Gleichung

$$\left(1 - \frac{f^2}{f_0^2}\right)^2 + 4D^2 \frac{f^2}{f_0^2} = 2 \quad \text{bzw. } 1/2 \tag{23b}$$

erhält man

$$f_g/f_0 = \sqrt{1 - 2D^2 \pm \sqrt{2}\sqrt{1 - 2D^2(1 - D^2)}} \tag{23c}$$

bzw.

$$f_g/f_0 = \sqrt{1 - 2D^2 \pm \sqrt{4D^2(D^2 - 1) + {}^1/_2}} \tag{23d}$$

Der Verlauf der Grenzfrequenz nach diesen beiden Gleichungen ist im Bild 16 grafisch aufgetragen [8]. Dabei wurde jeweils der kleinere Wert der beiden Gln. (23c) und (23d) herausgesucht und aufgetragen, da für

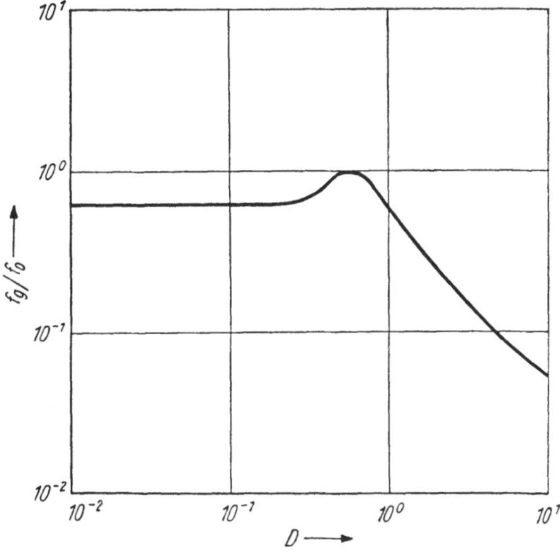

Bild 16. *Verlauf der Grenzfrequenz in Abhängigkeit von der Dämpfung D für das gleiche Beispiel*

die Grenzfrequenz immer der Wert maßgebend ist, für den die Kurve das erstemal die beiden Schranken berührt. Man erkennt aus diesem Bild noch einmal, daß ein mit $D \approx 0{,}7$ gedämpftes System am günstigsten ist und eine Grenzfrequenz hat, die etwa mit der Eigenfrequenz f_0 übereinstimmt.

Als weiteres Beispiel sei die Grenzfrequenz der im Abschn. 2., Bild 3, dargestellten Rechenglieder berechnet. Für das Integrationsglied beispielsweise

erhält man als Amplitudengang, wie sich leicht aus der Spannungsteiler-
regel ergibt,

$$\frac{|u_2|}{|u_1|} = |G(j\,\omega)| = \frac{1/\omega CR}{\sqrt{1 + 1/\omega^2 C^2 R^2}} \;. \tag{24a}$$

Für die ideale Integration lautet der Amplitudengang

$$|G(j\,\omega)|_{\text{ideal}} = \text{const}\; 1/\omega, \tag{24b}$$

da bei der Integration einer Sinusschwingung entsprechend $\int\sin\,\omega t\;dt =$
$(-1/\omega)\cos\,\omega t$ eine Multiplikation mit $1/\omega$ entsteht (in unserem Fall ist
die Konstante $1/CR$). Daher ist die Grenzfrequenz dieses Integrationsglieds dadurch gegeben, daß der Nenner in Gl. (24a) den Wert $\sqrt{2}$ annimmt. Für diesen Wert von ω sinkt nämlich die „Empfindlichkeit"
des Integrationsglieds auf $1/\sqrt{2}$ gegenüber dem Wert der Empfindlichkeit
für sehr große Frequenzen.
Es handelt sich bei dieser Grenzfrequenz also um eine untere Grenzfrequenz f_{gu} bei Integration. Aus

$$\sqrt{1 + 1/\omega_{\text{gu}}^2\,C^2 R^2} = \sqrt{2}$$

folgt für die Grenzfrequenz $f_{\text{gu}} = \omega_{\text{g}}/2\pi$

$$f_{\text{gu/Hz}} = \frac{1}{2\pi}\,\frac{1}{C/\mu\text{F}}\,\frac{1}{R/\text{M}\Omega} \;. \tag{24c}$$

Damit ist zugleich die im Abschn. 2. bereits physikalisch anschaulich
gewonnene Bedingung bewiesen, daß das Integrationsglied nur für große
Frequenzen richtig arbeitet und daß ein möglichst großer Kondensator
C und Widerstand R zweckmäßig sind. Die Grenzfrequenzen verschiedener Gruppen von Meßgeräten und Meßverfahren sind in Tafel 1 überblicksmäßig zusammengestellt. Dabei rechnet man bei den Trägerfre-
quenzverfahren mit einer oberen Grenzfrequenz

$$f_{\text{g}} = 1/5\,f_{\text{tr}} \;, \tag{25}$$

wenn f_{tr} die verwendete Trägerfrequenz ist. Üblich sind für Meßzwecke
Trägerfrequenzen von 5 bzw. 50 kHz, so daß man zu Grenzfrequenzen
von 1 bzw. 10 kHz kommt.
Allgemein läßt sich entsprechend den in dieser Tafel angegebenen Werten
feststellen, daß man mit mechanischen Verfahren bis zu oberen Grenzfrequenzen von etwa 100 Hz, mit optischen (Lichtzeiger) bis zu maximal
10 kHz und mit elektrischen Mitteln bis zu der Größenordnung von
Megahertz, mit Sonderverfahren (Sampling-Prinzip) für periodische
Vorgänge sogar bis zur Größenordnung von Gigahertz kommt. Dagegen
liegen die gewonnenen Grenzfrequenzen außerordentlich niedrig, wenn
man Zeigergeräte mit dem Auge abliest. Man erreicht hier nur Werte
von etwa 10^{-2} Hz [2].

Tafel 1. Grenzfrequenzen verschiedener Meßgeräte und Meßverfahren

Meßgerät bzw. -verfahren	Untere Grenzfrequenz f_{gu}	Obere Grenzfrequenz f_{go}	Bemerkungen
Schleifen- oder Lichtstrahloszillograf	0 (statische Messungen möglich)	1 kHz...10 kHz	je nach Schleife
Katodenstrahloszillograf	0 (statische Messungen möglich)	100 kHz... 10 MHz	mit Gleichspannungsverstärker
	5...50 Hz	100 kHz... 20 MHz	mit Wechselspannungsverstärker
Sampling-Katodenstrahloszillograf	theoretisch 0, spielt jedoch keine Rolle in der Praxis	1 GHz... 10 GHz	Spezialoszillograf zur Aufnahme kurzer Impulse
Meßverstärker	0 (statische Messungen möglich)	100 kHz... 1 MHz	Gleichspannungsverstärker
	5...50 Hz	100 kHz... 10 MHz	Wechselspannungsverstärker
Meßverfahren mit Modulator nach dem Trägerfrequenzprinzip	0 (statische Messungen möglich) 1 kHz 0 (statische Messungen möglich) 10 kHz		Trägerfrequenz 5 kHz Trägerfrequenz 50 kHz
Meßverfahren mit piezoelektrischen Aufnehmern	0,1...50 Hz	10...100 kHz	mit Quarz- oder Bariumtitanat aufnehmern
Schreibende Meßgeräte	0 (statische Messungen möglich)	0,1 Hz...1 kHz	untere Werte für Punktschreiber, obere für Schnellschreiber
Zeigergeräte	0 (statische Messungen möglich)	0,01 Hz...1 Hz	z. B. Drehspulinstrumente
Thermoelemente	0 (statische Messungen möglich)	0,1 Hz...100 Hz	obere Werte für Miniatur- bzw. Vakuum-Thermoelemente
Mechanische Indikatoren, Manometer usw.	0 (statische Messungen möglich)	0,1 Hz...500 Hz	obere Werte für Spezialausführungen (Federstabindikatoren)
Integrationsglied	$1/2\,\pi\,CR$, d. h. je nach RC	nicht vorhanden	RC-Glied nach Bild 3 a
Differentiationsglied	0 (Differentiation ohne Fehler bei beliebig niedrigen Frequenzen	$1/2\,\pi\,CR$, d. h. je nach RC	RC-Glied nach Bild 3 b

5.3. Einschwingzeit

Bei einer ganzen Reihe von Meßgeräten liegen bei der Messung keine
sich sinusförmig ändernden Größen am Eingang, wie bei den Schwingungsmeßgeräten, sondern es ist ein sich beliebig zeitlich verändernder Meßgrößenverlauf aufzunehmen. Um das dynamische Verhalten derartiger
Meßgeräte zu kennzeichnen, wird daher eine Aufnahme von Kennfunktionen im Zeitbereich zweckmäßig sein, wie vorn im Bild 12 bereits überblicksmäßig erläutert wurde.

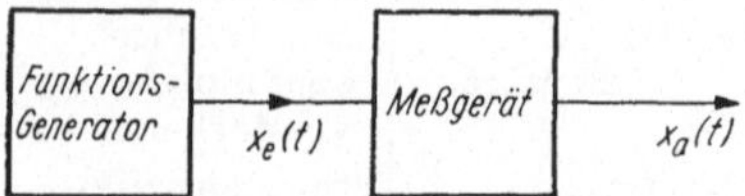

*Bild 17. Grundsätzliche Anordnung zur Aufnahme der Kennfunktionen (z. B.
Übergangsfunktion) und der Kennwerte (Einschwingzeit) im Zeitbereich*

Bild 17 zeigt die dem Bild 13 entsprechende Anordnung zur Aufnahme
dieser Kennfunktionen und der daraus abgeleiteten Kennwerte im Zeitbereich. Ein Funktionsgenerator erzeugt eine zweckmäßige Eingangsgröße $x_e(t)$, die dem Meßgerät zugeführt wird. Die entsprechende Ausgangsgröße $x_a(t)$, mit der das Meßgerät auf die spezielle Eingangsgröße
antwortet, wird als Kennfunktion benutzt.

Für die Eingangsgröße wird zweckmäßig meist ein sprungförmiger oder
ein stoßförmiger Verlauf gewählt. Einen sprungförmigen Verlauf der
Eingangsgröße eines Kraftmeßgeräts z. B. kann man dadurch erreichen,
daß man einen Faden spannt und diesen plötzlich zu der Zeit „Null"
zerschneidet. Stoßförmige Krafteinwirkungen lassen sich z. B. durch

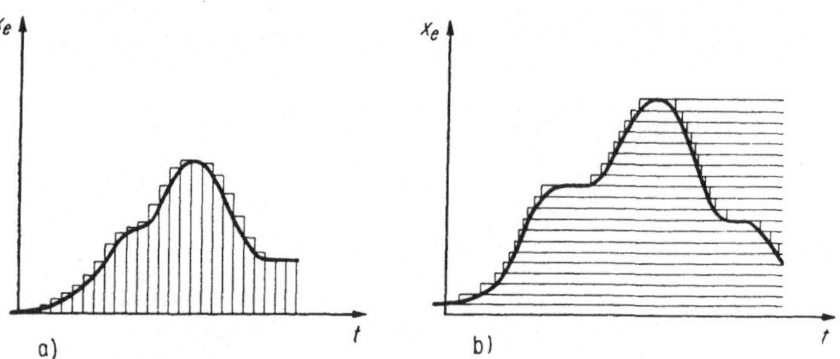

*Bild 18. Aufbau beliebiger zeitabhängiger Größen aus
a) Stößen bzw. b) Sprüngen*

Anschlagen erreichen. Der gespannte Faden oder das Gerät zur Realisierung des Anschlagens wären bei diesem Beispiel die Funktionsgeneratoren des Bildes 17. Auf die speziellen Probleme bei der experimentellen
Aufnahme dieser Kennfunktionen wird genauer noch im Abschn. 5.5.
eingegangen.

An sich könnte man jede Funktion als Eingangsgröße verwenden. Praktisch haben sich jedoch die Stoß- und Sprungfunktion eingebürgert.

Neben den bereits besprochenen Vorteilen bei der experimentellen Aufnahme hat dies noch einen weiteren Grund: Kennt man nämlich die
Antwort des Systems auf diese Eingangsfunktion, so läßt sich auch die
Antwort auf einen beliebigen anderen Verlauf der Eingangsgröße berechnen, da man, wie Bild 18 zeigt, jede Funktion aus derartigen Stößen
bzw. Sprüngen aufbauen kann. Diese Stöße bzw. Sprünge muß man nur
zeitlich versetzen und mit einem entsprechenden Faktor versehen. Man
erkennt das Prinzip im Bild 18a für einen stoßförmigen Verlauf, im Bild
18b für sprungförmigen Verlauf dieser einzelnen Eingangsgrößen. Im
Grenzfall unendlich schmaler Stöße bzw. kleiner Sprunghöhen läßt sich

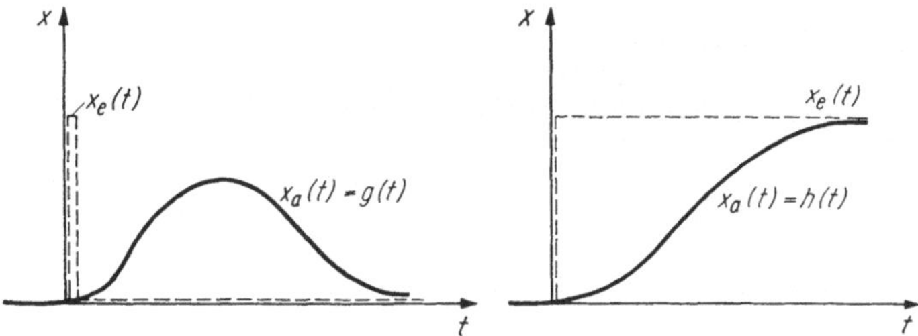

Bild 19. *Zur Definition der Stoßantwort oder Gewichtsfunktion g(t) bzw. der
Sprungantwort oder Übergangsfunktion h(t)*

damit jede Funktion beliebig genau annähern und dann auch durch Zu-
sammensetzen der einzelnen Antwortfunktionen (sog. Faltungsintegral)
die gesamte Antwort des Systems errechnen wie Bild 18a, b zeigt. Diese
Methode setzt allerdings lineare Systeme voraus. Diese Einschränkung ist
jedoch in der Praxis, zumindest in guter Näherung, in den meisten Fällen
erfüllt. Bezüglich der genaueren Theorie sei auf das Spezialschrifttum
verwiesen [2] [7]. Das Bild 19 zeigt die zwei Eingangsfunktionen (Stoß
und Sprung) und die sich ergebenden Ausgangsfunktionen, die Stoßantwort oder Gewichtsfunktion $g(t)$ bzw. Sprungantwort oder Übergangsfunktion $h(t)$. Dabei wird vorausgesetzt, daß die Eingangsgrößen beim
Stoß den Einheitsimpuls $\int x_e dt = 1$ bzw. beim Sprung die Sprunghöhe
$x_e(t > 0) = 1$ aufweisen. Falls dies nicht der Fall ist, werden die sich ergebenden Funktionen auf diese Größe umgerechnet (Normierung), s. a. Abschnitt 5.5.
Es sei an dieser Stelle besonders darauf hingewiesen, daß zwischen der
Gewichtsfunktion und der Übergangsfunktion ein mathematisch eindeutiger Zusammenhang besteht. Beim Vergleich der zwei Eingangsfunktionen des Bildes 19, des Sprunges und des Stoßes, stellt man nämlich fest, daß man sich den Stoß durch Differentiation aus dem Sprung
entstanden denken kann. Man sieht dies sofort ein, wenn man sich vor-
stellt, daß der Sprung eine etwas schräge Vorderflanke hat. Die Differentiation dieser Sprungfunktion liefert dann den Stoß, wie er im Bild
19 dargestellt ist. Wenn dieser Zusammenhang über eine Differentiation
für die Eingangsgrößen besteht, gilt der gleiche Zusammenhang auch
bezüglich der Ausgangsgrößen. Dies ist eine Folge der Tatsache, daß wir
uns, wie oben bereits vermerkt, auf lineare Systeme beschränken wollen.

Daher besteht auch zwischen Gewichtsfunktion $g(t)$ und Übergangsfunktion $h(t)$ der Zusammenhang[1])

$$g(t) = \frac{\mathrm{d}}{\mathrm{d}t}\, h\,(t)\;.\qquad(26)$$

Nach dieser Gleichung ist es an sich gleichgültig, welche der beiden Funktionen man experimentell aufnimmt bzw. berechnet. Nur die Zweckmäßigkeit entscheidet darüber, ob es günstiger ist, die Gewichtsfunktion zu ermitteln (z. B. durch Feststellen der Auswirkung eines Kraftimpulses auf ein Kraftmeßgerät) oder die Übergangsfunktion aufzunehmen (z. B. durch Aufnahme der Abhängigkeit der angezeigten Temperatur eines Thermometers als Funktion der Zeit, wenn man dieses Thermometer von einem kalten in einen warmen Raum bringt).
Übergangsfunktion bzw. Gewichtsfunktion beschreiben das dynamische Verhalten eines Meßgeräts vollständig. Es ist möglich, aus der Differentialgleichung diese Funktionen zu berechnen und umgekehrt [2]. Es existieren auch Rechenverfahren zur direkten Umrechnung des Frequenzgangs in diese Funktionen, genauso wie man aus diesen Funktionen den Frequenzgang rechnerisch ermitteln kann (Laplace-Transformation [2] 7]).

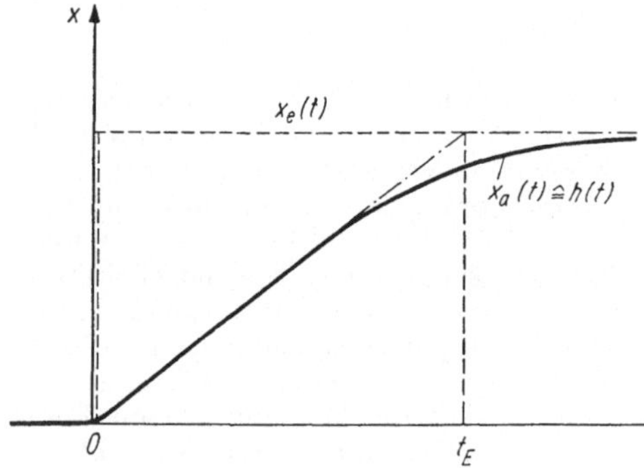

Bild 20. Zur Definition der Einschwingzeit t_E

Dieselbe Begründung, wie sie im einzelnen im Abschn. 5.2. für die Kennfunktionen im Frequenzbereich angegeben wurde, trifft natürlich auch für die Kennfunktionen im Zeitbereich zu. In der Meßtechnik rechnet man daher auch hier anstatt mit den genauen Funktionen mit Kennwerten, die man diesen Funktionen entnimmt. So kann man mit derselben Berechtigung auch bei den Kennfunktionen im Zeitbereich einen einzigen Kennwert zur näherungsweisen Berechnung der Auswirkungen und zur Kennzeichnung des dynamischen Verhaltens von Meßgeräten benutzen. Man ersetzt hierzu, wie im Bild 20 skizziert, den tatsächlichen Verlauf der Ausgangsgröße $x_a(t)$ beim Anlegen eines Sprunges an den Eingang durch den sprichpunktiert in dieses Bild eingezeichneten rampenförmigen

---

[1]) Es sei darauf hingewiesen, daß der Zusammenhang Gl. (26) gegebenenfalls als Grenzwert im Sinn der Distribution zu verstehen ist, [2].

Verlauf. Man erhält dann also einen linearen Anstieg, mit dem sich naturgemäß viel besser rechnen läßt als mit der meist aus e-Funktionen zusammengesetzten Funktion. Die Zeit, die der so angenäherte Übergangsprozeß dauert, bezeichnet man als Einschwingzeit t_E.

Die Einschwingzeit t_E gibt die Zeit an, nach der der Übergangsvorgang praktisch abgeklungen ist.[1]) (27)

Diese Einschwingzeit ist genau wie die im Abschn. 5.2. definierte Grenzfrequenz f_g nur ein Näherungswert, gestattet jedoch in der Praxis sehr schnell die Abschätzung der Auswirkungen des dynamischen Verhaltens eines Meßgeräts (s .Abschn. 6.). Die Einschwingzeit hat die gleiche Aussagekraft wie die Grenzfrequenz. Die zwei Kennwerte lassen sich, wie im nächsten Abschnitt gezeigt werden wird, auch direkt ineinander umrechnen, so daß es gleichgültig ist, welchen dieser zwei Kennwerte man im Prospekt angibt bzw. experimentell bestimmt.

Bei digitalen Meßverfahren erhält man ebenfalls eine der Einschwingzeit entsprechende Zeit, da der Meßwert bei derartigen Verfahren erst nach der Abtastzeit t_A zur Verfügung steht.

Mit Hilfe der Einschwingzeit läßt sich nunmehr auch die Frage beantworten, wie viele Meßwerte man je Sekunde mit einem Meßgerät der Einschwingzeit t_E aufnehmen kann. Nach dem Dreisatz folgt sofort für diese Zahl z der Meßwerte je Sekunde

$$z = 1/t_E. \qquad (28)$$

So werden z. B. $z = 10$ Meßwerte je Sekunde ermittelt, wenn die Einschwingzeit, d. h. die Zeit zur Ermittlung eines Meßwerts $t_E = 0,1$ s beträgt.

Auch hier sei als praktisch wichtiges Beispiel das im Abschn. 3.2. behandelte Feder-Masse-Dämpfungssystem nach dem dortigen Bild 6 betrachtet. Aus der dieses System beschreibenden Differentialgleichung (10b) kann die Übergangsfunktion berechnet werden. Man erhält [2] für den Fall $D \neq 1$

$$h(t) = \frac{1}{c} \left[1 - \frac{1}{\sqrt{1 - D^2}} \, e^{-D\omega_0 t} \sin \left(\sqrt{1 - D^2} \, \omega_0 t + \arccos D \right) \right]$$

$$(29\,\mathrm{a, b})$$

und für $D = 1$

$$h(t) = \frac{1}{c} \left[1 - (1 + \omega_0 t) \, e^{-\omega_0 t} \right] .$$

Die sich ergebenden Funktionen sind im Bild 21 für verschiedene Dämpfung D angegeben. Man erkennt auch aus diesem Bild, daß das mit $D \approx 0,6\ldots0,7$ gedämpfte System am günstigsten ist. Aus dem Bild liest man für diesen Fall eine Einschwingzeit ab, die bei $\omega_0 t_E \approx \pi$, d. h. bei

$$t_E \approx 1/2 f_0 \qquad (29\,\mathrm{c})$$

[1]) Man bezeichnet den Übergangsvorgang meist dann als praktisch abgeklungen, wenn der Wert 95% des Endwerts erreicht hat [2].

liegt. Für kleinere bzw. größere Dämpfungen erhöht sich die Einschwingzeit ganz erheblich, da der Einschwingvorgang nach Bild 21 wesentlich
länger dauert. Insbesondere entnimmt man dem Bild, daß sich für eine
stark unterkritische Dämpfung $D \ll 1$ ein starkes Überschwingen mit
mehrmals oszillierender Einstellung in den Endzustand ergibt, während
man für überkritische Dämpfung $D > 1$ eine kriechende Einstellung in
den Endzustand erhält.

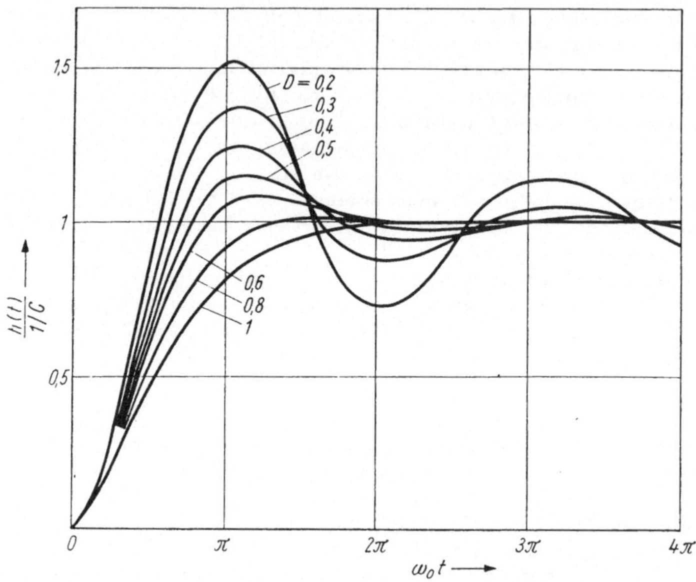

Bild 21. *Übergangsfunktion $h(t)$ für das Feder-Masse-Dämpfungssystem (z. B.
Kraftmeßgerät)*

In der Tafel 2 wurden die Einschwingzeiten wichtiger Gruppen von Meßverfahren und Meßgeräten zusammengestellt. Die Auswahl wurde in
Anlehnung an die Tafel 1 von Abschn. 5.2. getroffen, so daß man die
Einschwingzeiten und Grenzfrequenzen z. T. direkt vergleichen kann. Bei
diesem Vergleich wird der Zusammenhang zwischen Einschwingzeit und
Grenzfrequenz ersichtlich. Ein Meßgerät mit gutem dynamischem Verhalten hat eine hohe obere Grenzfrequenz und eine kurze Einschwingzeit.
Im folgenden Abschnitt soll dieser fundamentale Zusammenhang näher
untersucht werden.

5.4. Zusammenhang zwischen Grenzfrequenz und Einschwingzeit

Während die Einschwingzeit t_E das Gütemaß für ein Meßgerät im Zeitbereich darstellt, ist die obere Grenzfrequenz ein Maß für die höchste
vom Meßgerät noch mit genügender Genauigkeit zu verarbeitende Frequenz. Wie bereits erwähnt, verwendet man für Schwingungsmeßgeräte

Tafel 2. Einschwingzeiten verschiedener Meßgeräte und Meßverfahren

Meßgerät bzw. -verfahren	Größenordnung der Einschwingzeit t_E	Bemerkungen
Schleifen- oder Lichtstrahloszillograf	100 µs...1 ms	je nach Schleife
Katodenstrahloszillograf	0,1 µs...10 µs	
Sampling-Katodenstrahloszillograf	0,1 ns...1 ns	speziell für die Aufnahme periodischer kurzer Impulse
Meßverfahren mit Modulator nach dem Trägerfrequenzverfahren	0,5 ms 50 µs	Trägerfrequenz 5 kHz Trägerfrequenz 50 kHz
Schreibende Meßgeräte	1 s...1 ms	
Zeigergeräte	10 s...1 s	
Thermoelemente	s...min 10 ms	obere Werte mit Schutzrohr Miniatur- bzw. Vakuumthermometer

vorzugsweise die Grenzfrequenz als Kenngröße, während man für die übrigen Meßgeräte meist mit der Einschwingzeit rechnet. Beide Größen beschreiben gleichermaßen näherungsweise das dynamische Verhalten. Wie im vorigen Abschnitt gezeigt, werden sie aus den Kennfunktionen im Zeit- bzw. Frequenzbereich durch Näherungsbetrachtungen gewonnen. Da sich diese Kennfunktionen, die Übergangsfunktion und der Frequenzgang ineinander umrechnen lassen [2] und bezüglich der Beschreibung des dynamischen Verhaltens gleichwertig sind, sollte man annehmen, daß dies auch für die aus diesen Kennfunktionen abgeleiteten Kennwerte gilt. In der Tat hängen Grenzfrequenz und Einschwingzeit zusammen. Die Ableitung dieser Umrechnungsformel soll zunächst vorgenommen werden. Dabei werden wir zur Abschätzung eine Näherungsbetrachtung benutzen, die den Vorteil der physikalisch anschaulichen Begründung des Zusammenhangs hat. Es sei jedoch darauf hingewiesen, daß diese auch als „Abtasttheorem" bekannte Beziehung exakt abgeleitet werden kann [2] [7]. Offensichtlich hat ein Meßgerät gegenüber einem anderen eine doppelt so große „dynamische Güte", wenn es in der halben Zeit den richtigen Wert anzeigt. Andererseits wird man ein Schwingungsmeßgerät dann als „in dynamischer Hinsicht doppelt so gut" bezeichnen, wenn es die doppelte Grenzfrequenz gegenüber einem anderen aufweist. Danach entspricht also einer Verdoppelung der Grenzfrequenz eine Halbierung der Einschwingzeit. Zwischen Einschwingzeit und Grenzfrequenz wird demnach der Zusammenhang

$$t_E = \text{const } 1/f_g \tag{30a}$$

bestehen, wobei die Konstante noch mit einer genaueren Überlegung gewonnen werden muß. Die Beziehung Gl. (30a) ist auch dimensionsmäßig bei dimensionsloser Konstante richtig.

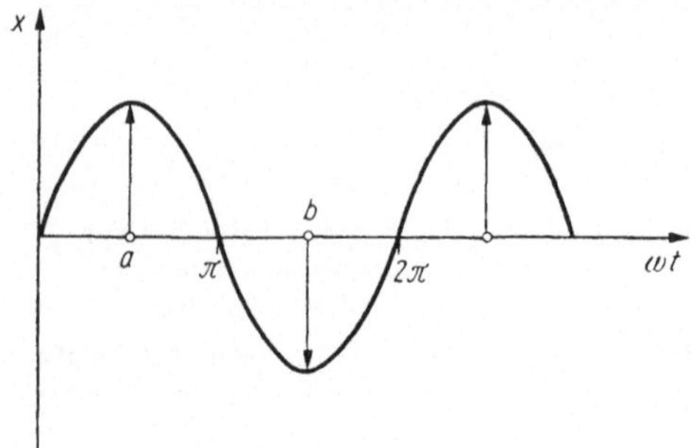

Bild 22
Zur Erklärung des Abtasttheorems

Für eine sehr einfache Erklärung des Zusammenhangs insbesondere zur Bestimmung der noch unbekannten Konstante in Gl. (30a) betrachten wir das Bild 22. In diesem Bild ist eine Sinusschwingung dargestellt. Um diesen Verlauf der Meßgröße in einem Meßgerät zu erfassen, benötigen wir zwischen den Abszissenwerten $\omega t = 0$ und 2π mindestens zwei Werte, die im Bild mit a und b eingezeichnet sind. Da dem Abszissenwert 2π die Zeit $\omega T = 2\pi$, d. h.

$$T = 1/f \tag{30b}$$

entspricht und in dieser Zeit die zwei Werte a und b entnommen werden müssen, beträgt die Zeit zwischen den beiden Werten a und b

$$t = T/2 = \frac{1}{2f}\,. \tag{30c}$$

Wenn ein Meßgerät eine bestimmte höchste Frequenz, die Grenzfrequenz f_g, gerade noch richtig zu messen gestattet, so erhält man nach Gl. (30c) für die notwendige Zeit zum richtigen Erfassen eines Meßwerts die Einschwingzeit

$$t_E = \frac{1}{2f_g}\,. \tag{31a}$$

Der gesuchte Zusammenhang ist damit gefunden, die Konstante in der Gl. (30a) hat den Wert 1/2.

Die Beziehung Gl. (31a) sagt auch folgendes aus:

> Zur Darstellung einer Funktion, deren Spektrum eine höchste Frequenz f_g aufweist, genügen $t_E = t_A = 1/(2f_g)$ Abtastwerte. (31b)

Man erkennt die Gültigkeit dieses Satzes aus der Darstellung des Bildes 22; denn für alle Spektralfrequenzen mit niedrigerer Frequenz als f_g sind sogar noch mehr als zwei Abtastwerte vorhanden, wenn die Bedingung Gl. (31a) für die höchste Frequenz, die Grenzfrequenz, eingehalten wird.

42

Der Satz in der Formulierung (31b) ist als „Abtasttheorem" bekannt
und gibt für digitale Messungen die notwendige Abtastzeit in Abhängigkeit von der Grenzfrequenz an. Daß die Abtastzeit t_A bei digitalen Verfahren und die Einschwingzeit t_E bei den analogen Verfahren
jeweils die Zeit für einen Meßwert angeben, haben wir in Abschnit. 5.3. bei
der Ableitung der Gl. (28) schon festgestellt.

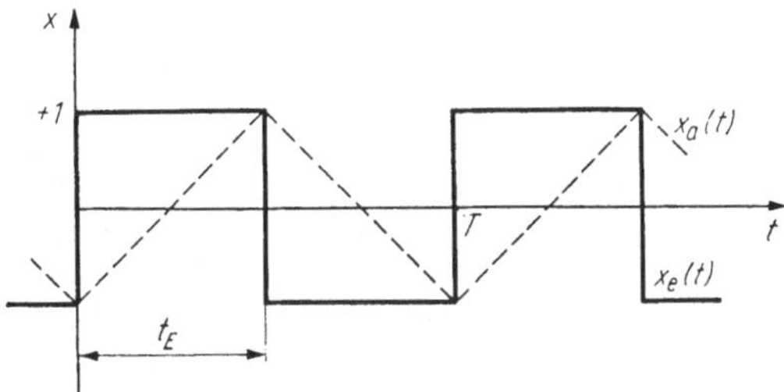

*Bild 23. Rechteckförmiger Meßgrößenverlauf als Beispiel zur Ableitung des Zu-
sammenhangs zwischen Einschwingzeit und Grenzfrequenz*

Zur genaueren Erklärung des physikalischen Hintergrunds der wichtigen
Gl. (31a) betrachten wir einen weiteren Fall. Für einen rechteckförmigen
Meßgrößenverlauf $x_e(t)$ sind die sich ergebenden Verhältnisse im Bild 23
dargestellt. Danach darf für eine richtige Aufnahme der Höhe der Recht-
eckkurve die Einschwingzeit höchstens

$$t_E = T/2 \tag{32a}$$

sein, wenn T die Periodendauer der Rechteckfunktion ist. Wird die
Einschwingzeit gerade gleich der halben Periodendauer, so schwingt das
Meßgerät gerade auf den vollen Meßwert ein. Es entsteht der gestrichelt
eingezeichnete Verlauf des angezeigten Meßwerts $x_a(t)$. Dabei wird die
Übergangsfunktion, wie im Abschn. 5.3. im einzelnen erläutert, durch
einen rampenförmigen Verlauf ersetzt.
Wir fragen nunmehr danach, welche Frequenz f_g des Spektrums der
Rechteckfunktion noch mindestens durchgelassen werden muß, damit
ohne Rücksicht auf die Form die Höhe des Meßwerts richtig angezeigt
wird. Wir führen also die gleichen Betrachtungen, die eben im Zeitbereich
angestellt wurden, nunmehr im Frequenzbereich durch. Die Fourier-
Zerlegung der Rechteckfunktion ergibt bekanntlich [2]

$$f(t) = \frac{4}{\pi} \left(\sin \omega_0 t + \frac{1}{3} \sin 3\,\omega_0 t + \frac{1}{5} \sin 5\,\omega_0 t + \ldots \right). \tag{32b}$$

In erster Näherung wird also die Höhe richtig wiedergegeben, wenn die
Grundwelle ω_0 vom Meßgerät gerade noch durchgelassen wird. Die
Grenzfrequenz f_g des Meßgeräts muß also mindestens gleich der Frequenz

$\omega_0/2\pi$ sein, und da ferner $\omega_0/2\pi = 1/T$ ist, folgt die Gleichung für die erforderliche Grenzfrequenz

$$f_\mathrm{g} = \frac{\omega_0}{2\pi} = \frac{1}{T} \,.$$

(32c)

Setzt man nach der Beziehung Gl. (32a) hier für $T = 2\,t_\mathrm{E}$ ein, so ergibt sich wiederum das Abtasttheorem Gl. (31a)

$$f_\mathrm{g} = \frac{1}{2\,t_\mathrm{E}} \,,$$

das damit nochmals bestätigt wurde.

Zur Erläuterung des wichtigen Zusammenhangs seien auch hier einige Beispiele betrachtet. Zunächst überprüfen wir, inwieweit beim Kraftmeßgerät nach Bild 6 (Feder-Masse-Dämpfungssystem) die Beziehung Gl. (31a) eingehalten wird. Im Abschn. 5.2. war die Grenzfrequenz für dieses System betrachtet worden. Aus der Gl. (23c), (23d) dieses Abschnittes erhielten wir als Ergebnis die Werte des dortigen Bildes 16. Wir entnahmen diesem Bild, daß das mit $D \approx 0{,}7$ gedämpfte System die höchste Grenzfrequenz aufweist, die etwa bei der Eigenfrequenz des Systems liegt, d. h., wir erhielten $f_\mathrm{g} = f_0$. Nach der Gl. (31a) gehört dann zu diesem Wert der Grenzfrequenz der Wert $t_\mathrm{E} = 1/(2\,f_0)/$ für die Einschwingzeit. Vergleicht man diesen Wert mit dem für das gleiche Meßgerät im Abschn. 5.3. aus Bild 21 entnommenen Wert nach Gl. (29c), so stellen wir die Übereinstimmung fest.

Als weiteres Beispiel fragen wir nunmehr nach der Zahl der Meßwerte z, die dieses mit $D \approx 0{,}7$ gedämpfte Meßgerät mit einer Eigenfrequenz von z. B. $f_0 = 10$ Hz je Sekunde maximal liefern kann. Da die Einschwingzeit nach Gl. (31a) $t_\mathrm{E} = 1/20$ s beträgt, ergeben sich für das Meßgerät also maximal 20 Meßwerte je Sekunde, wie auch nach Gl. (28) berechenbar. Das Meßgerät ist daher in dynamischer Hinsicht einem digitalen Meßgerät mit einer Abtastzeit von $t_\mathrm{A} = 1/20$ s gleichwertig.

Mit dieser Theorie kann demnach auch die Grenzfrequenz digitaler Meßgeräte berechnet werden. Nach Gl. (6b) von Abschn. 3.1. hängt der relative Meßfehler eines digitalen Meßgeräts von der Abtastzeit ab. Im Abschn. 3.2. war andererseits bereits darauf hingewiesen worden, daß für das dynamische Verhalten ebenfalls die Abtastzeit t_A maßgebend ist. In Satz (13) dieses Abschnitts ist diese Aussage enthalten. Wir können nunmehr die Grenzfrequenz derartiger digitaler Meßgeräte nach Gl. (31a) ermitteln. So erhalten wir z. B. für ein digitales Meßgerät mit einer Impulsfrequenz von $f_\mathrm{i} = 10$ kHz bei einem geforderten relativen Meßfehler von 10^{-4} nach der Gl. (6b) eine notwendige Abtastzeit von $t_\mathrm{A} = 1$ s. Die Grenzfrequenz dieses Geräts würde dann nach Gl. (31a) $f_\mathrm{g} = 1/(2\,t_\mathrm{A}) = 1/2$ Hz betragen. Eine Verbesserung des dynamischen Verhaltens ist bei gleicher Impulsfrequenz nur auf Kosten des relativen Meßfehlers möglich. Für eine Grenzfrequenz von 5 Hz beispielsweise müßte man einen Fehler von 10^{-3} in Kauf nehmen. Ein anderer Weg besteht in einer Erhöhung der Impulsfrequenz. Eine Verzehnfachung des Wertes auf $f_\mathrm{i} = 100$ kHz würde bei einem Fehler von 10^{-4} ebenfalls eine Erhöhung der Grenzfrequenz auf 5 Hz ermöglichen.

Wie man aus diesem Beispiel erkennt, haben digitale Meßverfahren den Vorteil geringerer Meßfehler, jedoch den Nachteil schlechterer dynamischer Eigenschaften. Daraus folgt:

> Digitale Meßverfahren sind vorzugsweise für Meßaufgaben geeignet, wo geringe Meßfehler gefordert werden, die Forderungen an das dynamische Verhalten jedoch nicht hoch sind. (33)
> Das Einsatzgebiet analoger Verfahren liegt dagegen in erster Linie bei hohen Grenzfrequenzen.

Im Zuge der weiteren Entwicklung insbesondere schneller digitaler elektronischer Schaltungen und deren Einsatz in der Meßtechnik werden sich die Grenzfrequenzen digitaler Meßeinrichtungen entsprechend der Erhöhung der Impulsfrequenzen f_i in Zukunft nach höheren Werten verschieben. Man rechnet heute auf dem Gebiet der digitalen Schaltungen, speziell für den Einsatz in der Rechentechnik, mit einer Verzehnfachung der Impulsfrequenzen etwa alle sieben Jahre. Diese Entwicklung wird zweifellos auch auf die Meßtechnik Auswirkungen haben, so daß sich die digitalen Verfahren in Zukunft immer mehr durchsetzen werden [6]. Abschließend soll noch auf den Zusammenhang zur Meßwertspeicherung eingegangen werden. Im Abschn. 4. hatten wir die Zahl der Bit (z. B. Lochungsmöglichkeiten) berechnet, die man zur Speicherung eines Meßwerts benötigt. Diese Zahl hatten wir mit s bezeichnet. Ihre Berechnung war nach den Gln. (18b) bis (18d) möglich. Wir erweitern die Betrachtungen nunmehr und beziehen die Zeit t_E mit ein, die zur Ermittlung eines Meßwerts benötigt wird, und erhalten nach Gl. (28) damit $z = 1/t_E$ Meßwerte je Sekunde. Wenn jeder Meßwert maximal s bit an Information hat, so liefert das Meßgerät also je Sekunde zs bit. Dieser Wert wird erreichbarer Nachrichtenfluß I genannt

$$I = zs = \frac{1}{t_E} \operatorname{ld} m = 2 f_g \operatorname{ld} m \tag{34}$$

und gibt die Zahl der Bit je Sekunde an, die das Meßgerät maximal abgeben kann. In Anlehnung an die Informationstheorie ist dies ein Maß für die vom Meßgerät maximal zu verarbeitende Information. Ein angeschlossener Speicher, wie er im Abschn. 4. behandelt wurde, muß demnach diese Zahl von I Lochungen je Sekunde verarbeiten können, wenn er die volle Information speichern soll, die das Meßgerät abgeben kann.
Die Einführung dieses Nachrichtenflusses läßt interessante Vergleiche zu: Ein Meßgerät mit einer Grenzfrequenz von z. B. nur $f_g = 100$ Hz und einem Meßfehler von $F = \pm 0{,}5\%$ liefert nach Abschn. 4., Gl. (18d) je Meßwert eine Information von $s = 3{,}32^{10}\log 101 = 6{,}65$ bit. Entsprechend der Grenzfrequenz von 100 Hz erhält man nach Gl. (34) einen maximalen Nachrichtenfluß für dieses Meßgerät von $I = 200 \cdot 6{,}65$ bit/s $= 1330$ bit/s $= 1{,}33$ kbit/s. Ein Mensch kann dagegen bei angestrengter geistiger Tätigkeit (Lesen usw.) nur etwa 20 bis 40 bit/s aufnehmen. Dagegen beträgt der angebotene Nachrichtenfluß beim Fernsehen im günstigsten Fall 50 000 kbit/s $= 50$ Mbit/s, nämlich etwa 400 000 Bildpunkte mit etwa 30 Helligkeitsstufen je Bild und mit 25 Vollbildern je Sekunde, d. h. $4 \cdot 10^5 \cdot 25 \cdot \operatorname{ld} 30 = 5 \cdot 10^7$ bit/s.

5.5. Experimentelle Aufnahme der Kenngrößen (dynamische Kalibrierung)

In den vergangenen Abschnitten haben wir gesehen, daß zur Beschreibung des dynamischen Verhaltens und damit der dynamischen Güte von Meßeinrichtungen verschiedene gleichwertige Möglichkeiten bestehen: Man kann die Differentialgleichung, den Frequenzgang, die Übergangsfunktion oder die Gewichtsfunktion verwenden [2].

Dagegen sind diese verschiedenen Beschreibungen für das dynamische Verhalten bezüglich der Möglichkeit ihrer experimentellen Ermittlung sehr unterschiedlich zu bewerten: Die Aufstellung der Differentialgleichung erfordert die Kenntnis der Konstanten dieser Differentialgleichung. Diese Konstanten sind die einzelnen Massen, Federkonstanten, Dämpfungskonstanten im mechanischen Fall und entsprechende Kondensatoren, Induktivitäten und Widerstände im elektrischen Fall. Ihre Messung ist meist nur möglich, wenn das System zerlegt wird. Damit scheidet diese Methode der experimentellen Ermittlung des dynamischen Verhaltens der Meßanordnung in der Praxis aus.

Wie wir in den vorhergehenden Abschnitten gesehen haben, interessiert für die Berechnung und Abschätzung der dynamischen Meßfehler nicht primär die Differentialgleichung, sondern man möchte das Verhalten auf typische Eingangsgrößen kennenlernen, wie sie auch als Meßgrößen auftreten können. Daher kommt der Aufnahme der leichter meßbaren Kennfunktionen im Frequenz- und Zeitbereich (Frequenzgang; Übergangs- oder Gewichtsfunktion) besondere Bedeutung bei der dynamischen Kalibrierung zu. Selbstverständlich hängt die Wahl der Methode entscheidend davon ab, über welche speziellen Kalibrierungseinrichtungen man verfügt und ob die zu untersuchende Meßeinrichtung Ausgabegeräte hat, die für eine der beiden Kennfunktionen besser geeignet sind. Es wird sich z. B. bei einem Meßgerät, das einen Oszillografen als Anzeigegerät hat, die Aufnahme der Übergangs- oder Gewichtsfunktion anbieten, da man diese direkt auf dem Oszillografen beim Anlegen eines Sprunges bzw. Stoßes am Eingang der Meßeinrichtung ablesen bzw. fotografieren kann. Da derartige Oszillografen zudem meist eine geeichte Zeitachse haben, kann die Auswertung direkt vorgenommen werden.

Die Kennwerte Grenzfrequenz und Einschwingzeit können, wie in den Abschnitten 5.2. und 5.3. gezeigt, aus den aufgenommenen Kennfunktionen entnommen werden. Für die Ermittlung der Grenzfrequenzen f_g braucht dabei nicht der gesamte Frequenzgang (Amplituden- und Phasengang) ermittelt zu werden, sondern hier genügt die Aufnahme des Amplitudengangs $|G(\mathrm{j}\,\omega)|$ allein.[1]) Für die Ermittlung der Einschwingzeit wiederum genügt die Ermittlung der Zeit, bis zu der der Übergangsprozeß praktisch abgeklungen ist. Dabei versteht man hierunter die Zeit, bis zu der 95% des Endwerts der Übergangsfunktion erreicht sind.

Nach diesem Überblick über das Gebiet der dynamischen Kalibrierung sollen numehr die einzelnen Verfahren behandelt werden. Zur Aufnahme des Frequenzgangs wurde das grundsätzliche Prinzip bereits im Bild 13 dargestellt. Unter Anwendung dieses Prinzips kommt man zu der im

---

[1]) Im Abschn. 5.2. wurde bereits darauf hingewiesen, daß für eine ganze Klasse von Systemen die Aufnahme des Amplitudengangs allein genügt, da sich bei den Minimalphasensystemen aus dem Amplitudengang der Phasengang berechnen läßt.

Bild 24 skizzierten Anordnung für die Aufnahme des Betrags des Frequenzgangs, d. h. des Amplitudengangs $|G(\mathrm{j}\,\omega)|$. Ein Generator *1* erzeugt eine sich sinusförmig ändernde Meßgröße, deren Frequenz f einstellbar ist. Die Amplitude dieser Meßgröße $\widehat{X}_e$ wird mit einem Instrument *3* angezeigt. Der Ausgang der zu prüfenden Meßanordnung *2* wird ebenfalls

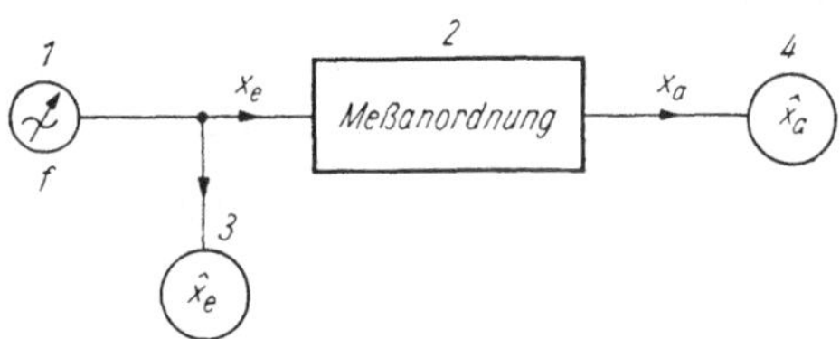

Bild 24. Aufnahme des Amplitudenganges $|G(jw)|$

an ein Meßgerät *4* angeschlossen, das die Amplitude $\widehat{X}_a$ der Ausgangsgröße anzeigt. Damit läßt sich der Amplitudengang errechnen, für den gilt [s. a. Gl. (21 b)]

$$|G(\mathrm{j}\,\omega)| = \frac{\widehat{X}_a(\omega)}{\widehat{X}_e(\omega)}\ . \tag{35}$$

Die Messung der Amplituden $\widehat{X}_a$ und $\widehat{X}_e$ verursacht im allgemeinen keine besonderen Schwierigkeiten, da für die gebräuchlichen Größen derartige Meßgeräte existieren. Man hat nur darauf zu achten, daß diese Meßgeräte Grenzfrequenzen haben, die weit oberhalb derjenigen der zu untersuchenden Meßanordnung liegen. Ist dies nicht der Fall, so müßten die Amplitudengänge dieser Meßgeräte genau bekannt sein, damit man auf die richtigen Werte umrechnen kann. Wir bezeichnen diese Amplitudengänge der Meßgeräte *3* und *4* mit $|G_3(\mathrm{j}\,\omega)|$ und $|G_4(\mathrm{j}\,\omega)|$ und erhalten entsprechend der Definition dieser Frequenzgänge z. B. für $|G_4(\mathrm{j}\,\omega)|$

$$|G_4(\mathrm{j}\,\omega)| = \frac{\widehat{X}_{a\,\text{Ausgang}}}{\widehat{X}_{a\,\text{Eingang}}} = \frac{\widehat{X}_{a\,\text{angezeigt}}}{\widehat{X}_{a\,\text{tatsächlich}}}\ . \tag{36a}$$

Beim Einsetzen dieser Gleichung in die Beziehung Gl. (35) ergibt sich die Beziehung zur Berechnung des Amplitudengangs aus den tatsächlich angezeigten Werten unter Berücksichtigung der Amplitudengänge der Meßgeräte

$$|G(\mathrm{j}\,\omega)| = \frac{\widehat{X}_{a\,\text{tatsächlich}}}{\widehat{X}_{e\,\text{tatsächlich}}} = \frac{\widehat{X}_{a\,\text{angezeigt}}}{\widehat{X}_{e\,\text{angezeigt}}}\ \frac{|G_3(\mathrm{j}\,\omega)|}{|G_4(\mathrm{j}\,\omega)|}\ . \tag{36b}$$

Man erkennt, daß man auch dann ohne Fehler mißt, wenn man die Amplitudengänge der Meßgeräte im einzelnen nicht kennt, jedoch weiß, daß beide gleich sind. In diesem Fall heben sich nämlich die beiden Frequenzgänge in der Gl.(36b) heraus.
Schließlich kann noch der Fall eintreten, daß die Amplitude $\widehat{X}_e$ der vom Generator gelieferten sinusförmig sich ändernden Größe frequenzunabhängig ist, d. h. immer den gleichen Wert aufweist. In diesem Fall

kann auf das Anzeigegerät *3* verzichtet werden, so daß die angezeigte und ggf. mit $|G_4(\mathrm{j}\,\omega)|$ korrigierte Ausgangsgröße nur mit einem Faktor gleich der reziproken, konstanten Größe $\widehat{X}_e$ zu multiplizieren ist

$$|G(\mathrm{j}\,\omega)| = \frac{\widehat{X}_{\text{a tatsächlich}}}{\widehat{X}_e} = \frac{\widehat{X}_{\text{a angezeigt}}}{\widehat{X}_e\,|G_4(\mathrm{j}\,\omega)|} \;. \qquad (36\,\mathrm{c})$$

Sind die Amplitudengänge der Meßgeräte nicht hinreichend genau bekannt, so kann man ihr Verhältnis mit Hilfe einer Vergleichsmeßanordnung mit bekanntem Amplitudengang $G^*(\mathrm{j}\,\omega)$ vor Beginn der eigent-

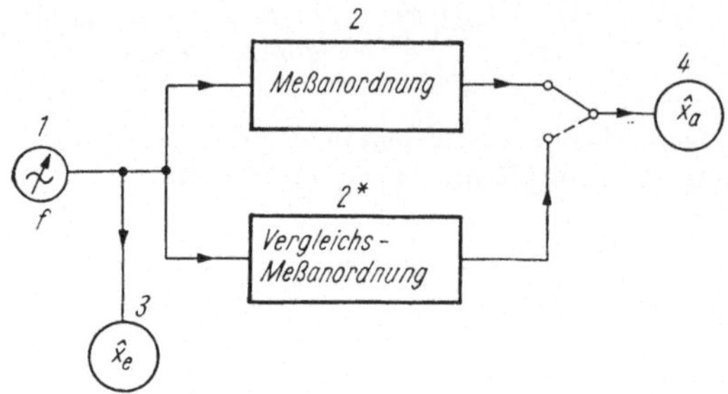

Bild 25. Aufnahme des Amplitudengangs nach dem Vergleichsprinzip

lichen Messung bestimmen. Bei diesem Vergleichsprinzip verwendet man zunächst diese Vergleichsmeßanordnung anstelle der zu untersuchenden Meßanordnung, wie im Bild 25 gezeigt, und nimmt in Abhängigkeit von der Frequenz das Verhältnis $\widehat{X}_{\text{a angezeigt}}/\widehat{X}_{\text{e angezeigt}}$ auf. Nach der Gl. (36b) ergibt sich

$$|G^*(\mathrm{j}\,\omega)| = \frac{|G_3(\mathrm{j}\,\omega)|}{|G_4(\mathrm{j}\,\omega)|}\;\frac{\widehat{X}_{\text{a angezeigt}}}{\widehat{X}_{\text{e angezeigt}}} \;. \qquad (36\,\mathrm{d})$$

Da in dieser Gleichung $|G^*(\mathrm{j}\,\omega)|$ als Amplitudengang der Vergleichsanordnung bekannt ist und das Verhältnis $\widehat{X}_{\text{a angezeigt}}/\widehat{X}_{\text{e angezeigt}}$ auf Grund der Messung gewonnen wurde, kann das unbekannte Verhältnis $|G_3(\mathrm{j}\,\omega)|\,/\,|G_4(\mathrm{j}\,\omega)|$ ermittelt werden. Nach dieser Auswertung der mit der Vergleichsmeßanordnung gewonnenen Meßergebnisse erhält man mit der zu untersuchenden Meßanordnung den unbekannten Amplitudengang $|G_1(\mathrm{j}\,\omega)|$ nach der Gl. (36b).
Schließlich gibt es eine ganze Reihe von Meßanordnungen, insbesondere von Baugruppen, z. B. Meßgrößenaufnehmern und Wandlern, die in ihrer Wirkungsrichtung umkehrbar sind und bei denen ein eindeutiger Zusammenhang zwischen dem dynamischen Verhalten in Vorwärtsrichtung und in Rückwärtsrichtung betrieben besteht [2]. In diesem Fall, der z. B. bei Schallempfängern und -sendern häufig auftritt, kann man zwei derartige Meßgrößenaufnehmer zusammenschalten und in der Anordnung nach Bild 24 messen. Man verwendet diese zwei Aufnehmer einmal in Reihenschaltung, das andere Mal abwechselnd allein und mißt

die Amplitudengänge. Aus diesen Meßwerten lassen sich fehlerfrei und völlig unabhängig von den Eigenschaften der Meßgeräte *3* und *4* die gesuchten Amplitudengänge der Wandler errechnen [2]. Dieses als Reziprozitätsverfahren bekannte Prinzip ist zwar meßtechnisch umständlicher, ist oft jedoch die einzige Methode, um zu genauen Ergebnissen zu gelangen, und wird z. B. in der Elektroakustik häufig verwendet.

Zur Aufnahme des gesamten Frequenzgangs $G(\mathrm{j}\,\omega)$ muß die Ausgangsgröße x_a im Vergleich zur Eingangsgröße x_e nach Betrag und Phase bestimmt werden. Will man also das dynamische Verhalten exakt ermitteln, so muß man neben der eben besprochenen Aufnahme des Amplitudengangs noch den Phasengang messen. Hierzu verwendet man schreibende Geräte, die den Zeitverlauf sowohl der Eingangs- als auch der Ausgangsgröße aufzeichnen und damit eine Auswertung auch der Phasenlage der zwei Sinusschwingungen ermöglichen. Da wir im Rahmen der Betrachtungen in diesem Band den Phasengang nicht berücksichtigen, sei bezüglich näherer Einzelheiten auf die Literatur verwiesen [2].

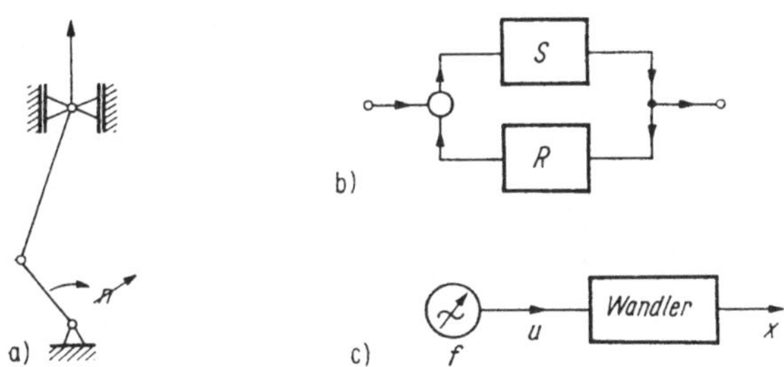

Bild 26. Realisierung des Generators zur Erzeugung sinusförmiger Eingangsgrößen veränderbarer Frequenz

Ein schwieriges technisches Problem stellt die Realisierung des nach den Bildern 24 und 25 benötigten Generators *1* für die Erzeugung sinusförmiger Eingangsgrößen mit veränderbarer Frequenz dar. Im Bild 26 sind drei Prinzipien dargestellt. Am einfachsten und leichtesten verständlich ist die im Bild 26 a dargestellte rein mechanische Methode. Hier wird ein Exzenter durch einen Motor mit veränderlicher Drehzahl n gedreht und über eine Schubstange ein periodisch sich ändernder Weg erzeugt. Für große Länge der Schubstange verläuft die Bewegung praktisch sinusförmig. Durch Umwandlung des Weges in eine Kraft über eine Feder kann das gleiche Prinzip auch zur Erzeugung von sich ändernden Kräften benutzt werden. Man sieht sofort ein, daß diese Methode nur für niedrige Frequenzen geeignet ist, da die Drehzahlen allein wegen der Massenkräfte des sich hin- und herbewegenden Gestänges nicht zu groß werden dürfen.

Eine andere Methode benutzt zur Herstellung der Schwingungen einen Regelkreis. Ein derartiger Regelkreis, wie er im Bild 26 b dargestellt ist, besteht aus einem System S (auch Regelstrecke genannt) und einer Rückkopplung R (z. B. Regler). Während man in der Regelungstechnik das

System so einstellt, daß es stabil ist, wird zur Erzeugung von Schwingungen ein instabiler Regelkreis benutzt. Die Frequenz der Schwingungen läßt sich durch Verändern der Parameter von System S oder Rückkopplung R in großen Bereichen verändern. Da man diese Regelkreise sowohl mit mechanischen als auch mit hydraulischen, pneumatischen oder auch mit elektronischen Bauelementen aufbauen kann, lassen sich auf diese Weise Bewegungen, Kräfte, Drücke, Geschwindigkeiten oder elektrische Spannungen erzeugen, die sich sinusförmig ändern.

Besonders bequem und mit großem Einstellbereich hinsichtlich der zu erzeugenden Frequenz sind elektronische Generatoren nach dem Prinzip des Bildes 26 b. Ein typisches Beispiel hierfür sind die RC-Generatoren, die einen großen Frequenzbereich von Bruchteilen von einem Hertz bis zu mehreren hundert Kilohertz zu überstreichen ermöglichen und die daher in der gesamten Automatisierungstechnik sehr viel eingesetzt werden.

Um die Vorteile dieser elektronischen Generatoren auch zur Kalibrierung von Meßgeräten für nichtelektrische Größen ausnutzen zu können, wird die elektrische Größe u in einem Wandler in die gewünschte andere Größe x umgeformt, wie im Beispiel 26 c skizziert. Je nach dem Wandlertyp erreicht man z. T. erhebliche Frequenzbereiche von größer als $1 : 10^3$. Sehr bekannt sind nach diesem Prinzip aufgebaute „Rütteltische“, bei denen als Wandler ein elektromagnetisches System oder besser, weil bis zu wesentlich höheren Frequenzen von $f = 10$ kHz und darüber verwendbar, ein Schwingungsquarz bzw. Barium-Titanat-Schwinger verwendet wird. Diese Systeme erzeugen sinusförmig sich ändernde Wege, Geschwindigkeiten bzw. Beschleunigungen mit einstellbarer Frequenz. Derartige Rütteltische werden zur Kalibrierung von Schwingungsmeßgeräten nach der Methode des Frequenzgangs viel verwendet.

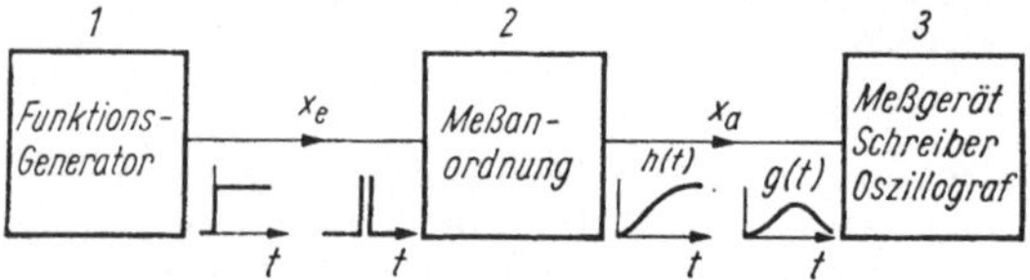

Bild 27. Aufnahme der Übergangs- bzw. Gewichtsfunktion h(t) bzw. g(t)

Neben dieser Methode der Aufnahme der Kenngrößen im Frequenzbereich wird die Methode der Aufnahme der Kenngrößen im Zeitbereich benutzt. Im Bild 17 war diese Methode bereits grundsätzlich erläutert worden. Im einzelnen wird hierzu gemäß Bild 27 von einem Funktionsgenerator 1 die Eingangsgröße $x_e(t)$ für die zu untersuchende Meßanordnung 2 erzeugt. Für die Aufnahme der Übergangsfunktion $h(t)$ gibt dieser Funktionsgenerator einen sprungförmigen Verlauf der Eingangsgröße ab, für die Aufnahme der Gewichtsfunktion $g(t)$ einen stoßförmigen Verlauf. Falls die Sprunghöhe oder das Integral über den Eingangsstoß nicht den Wert „Eins“ hat, ist die sich ergebende Ausgangsgröße durch den entsprechenden Wert zu dividieren (Normierung), worauf auch schon im Abschn. 5.3. hingewiesen wurde. Die Ausgangsgröße $x_a(t)$, die je nach der Eingangsgröße die Übergangsfunktion $h(t)$ (Einheitssprungantwort) bzw. die Gewichtsfunktion $g(t)$ (Einheitsstoßantwort) darstellt, wird an einem Anzeigegerät 3 abgelesen.

Für sehr langsam verlaufende Vorgänge (Größenordnung von Minuten) kann dieses Anzeigegerät ein einfaches Meßgerät sein, das zu bestimmten, durch z. B. eine Stoppuhr festgelegten Zeiten von einem Menschen abgelesen wird. Man erhält so punktweise die Übergangs- bzw. Gewichtsfunktion, aus der wiederum die Einschwingzeit gewonnen werden kann. Für schneller verlaufende Vorgänge (Größenordnung von Sekunden) wird man dieses Meßgerät zweckmäßigerweise durch einen Schreiber ersetzen. Dieser Schreiber hat zudem den Vorteil, daß die entsprechende Funktion direkt aufgeschrieben wird und damit sofort auswertbar ist. Schließlich wird man für extrem kurze Einschwingzeiten in der Größenordnung von Millisekunden und darunter Oszillografen zur Darstellung der Übergangsfunktion verwenden, von denen man die Kennfunktion durch fotografische Aufnahme erhält. In vielen Fällen enthält die Meßanordnung das Anzeigegerät bereits mit, so daß die zu prüfende Meßanordnung aus den Funktionseinheiten 2 und 3 des Bildes 27 besteht. Dabei ist eine kalibrierte Zeitachse des Schreibers bzw. Oszillografen sehr zweckmäßig und auch meist vorhanden. Andernfalls muß die Zeitachsenteilung durch Anlegen einer Sinusspannung bekannter Frequenz an den Eingang und Auswertung der aufgezeichneten Kurve gewonnen werden. Die Verwendung einer Sinusspannung zur Kalibrierung der Zeitachse ist zweckmäßig, da sich durch Abzählen der Nulldurchgänge die Zeitachsenteilung finden läßt (s. a. Abschn. 8.).

Genau wie bei der oben behandelten Aufnahme des Amplitudengangs können bei nichtidealem Verhalten des Funktionsgenerators 1 oder Anzeigegeräts 3 Meßfehler entstehen. Das Anzeigegerät 3 hat nämlich selber ein nichtideales dynamisches Verhalten. Um abzuschätzen, inwieweit dieses Verhalten stört, beschreiben wir die Güte des Meßgeräts durch die Einschwingzeit t_{EM}.

Offensichtlich wird die dynamische Kalibrierung mit einem ins Gewicht fallenden Fehler behaftet sein, wenn die Einschwingzeit dieses Anzeigegeräts in die Größenordnung der zu bestimmenden Einschwingzeit der Meßanordnung kommt. Für einwandfreie Kalibrierung muß man also fordern:

> Die Einschwingzeit des Anzeigegeräts t_{EM} muß mindestens
> eine Größenordnung unter der des zu messenden Systems t_E (37a)
> liegen

Auf der anderen Seite muß natürlich die Eingangsfunktion möglichst genau sprung- bzw. stoßförmigen Verlauf haben. Praktisch kann dies jedoch nie exakt der Fall sein; denn für einen unendlich steilen Anstieg z. B. eines Weges würde man eine unendlich große Beschleunigung und damit eine unendlich große Kraft, d. h. auch eine unendlich große Energie (Kraft mal Weg), benötigen. Dies ist jedoch nicht möglich. Aus diesem Grund erreicht man nie den geforderten idealen Verlauf für die Eingangsgröße, sondern muß sich mit einem angenähert sprung- bzw. stoßförmigen Verlauf zufriedengeben, wie im Bild 28 dargestellt. Bild 28a zeigt, wie anstelle der idealen Sprungfunktion wegen dieser Einflüsse ein verschliffener Verlauf entsteht. Wir erhalten also eine Funktion mit einer Einschwingzeit t_{EG}. Entsprechendes gilt für die im Bild 28b gezeichnete Stoßfunktion. Auch hier muß man wie Satz (37a) fordern:

> Die Einschwingzeit der vom Funktionsgenerator abgegebenen Testfunktion t_{EG} muß mindestens eine Größenordnung unter (37b) der des zu messenden Systems t_E liegen.

Bei bekannter Übergangs- bzw. Gewichtsfunktion für das Anzeigegerät und bei bekanntem Verlauf der Eingangsgröße $x_e(t)$ kann man die aufgenommene, durch diese Einflüsse verfälschte Übergangs- bzw. Gewichtsfunktion der zu untersuchenden Meßanordnung rechnerisch korrigieren und die tatsächliche, richtige Funktion ermitteln. Bezüglich näherer Einzelheiten sei auf die Literatur verwiesen [2].

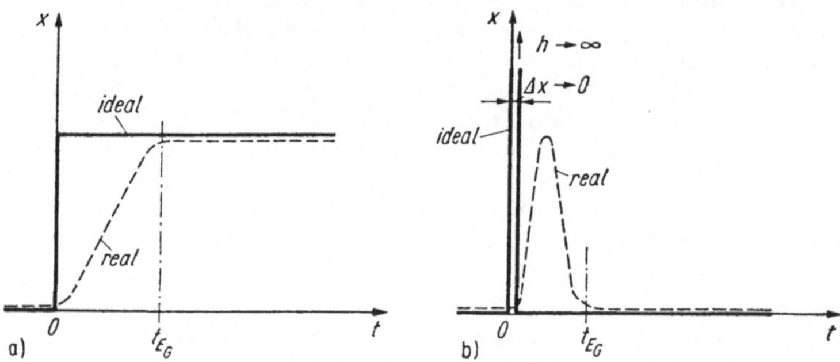

Bild 28. Tatsächlicher Verlauf der Eingangsgrößen bei der Aufnahme der Kennfunktionen im Zeitbereich

Zur Erzeugung der Eingangsfunktion verwendet man bei den Funktionsgeneratoren oft das Prinzip des Bildes 26c: Mit elektronischen Mitteln gelingt es, Sprung- bzw. Stoßfunktionen mit sehr kurzen Anstiegszeiten — von weit unter 1 µs, wenn gewünscht — zu erzeugen (sog. Impulsgeneratoren). Diese Impulse werden dann über einen Wandler mit möglichst gutem dynamischem Verhalten in eine andere physikalische Größe, die Eingangsgröße des zu untersuchenden Systems umgesetzt. Man erkennt, daß bei diesem Aufbau des Funktionsgenerators die abgegebene Funktion praktisch der Übergangs- bzw. Gewichtsfunktion des Wandlers entspricht, da dieser ja vom Impulsgenerator eine Sprung- bzw. Stoßfunktion verschwindend kurzer Anstiegszeit als Eingangsfunktion erhält. Den Satz (37b) könnte man daher in diesem Fall auch so formulieren, daß die Einschwingzeit dieses Wandlers wesentlich kleiner als die des zu untersuchenden Systems sein muß.

Neben diesen speziellen Funktionsgeneratoren verwendet man in der Praxis auch einfache Prinzipien zur Erzeugung der Sprung- bzw. Stoßfunktion, z. B. kann man einen sprungförmigen Temperaturverlauf zur Kalibrierung eines Thermometers einfach dadurch erzeugen, daß man dieses Thermometer sehr schnell aus einem kalten in einen warmen Raum bringt. Die Übergangsfunktion kann man dann durch Ablesen des angezeigten Wertes in Abhängigkeit von der Zeit aufnehmen. Es leuchtet auch hier sofort ein, daß die Zeit, die das Hineinbringen in den warmen Raum in Anspruch nimmt, im Vergleich zur Zeitkonstante des Thermometers klein sein muß, wenn keine Meßfehler bei der Aufnahme der Übergangsfunktion entstehen sollen. Diese Forderung entspricht der des Satzes (37b). Im Fall der Kalibrierung von Thermometern mit relativ großen Einschwingzeiten läßt sich diese Bedingung leicht erfüllen. Auch bei der Kalibrierung von Kraftmeßgeräten lassen sich sehr einfach sprung- bzw. stoßförmige Eingangsgrößen realisieren. Man braucht zur Herstellung einer sprungförmigen Eingangsgröße z. B. nur den Taststift eines Kraftmeßgeräts durch einen Faden zu spannen und diesen Faden plötzlich zu durchschneiden. Einen Kraftstoß kann man ebenfalls sehr einfach durch Anschlagen oder durch Fallenlassen einer Kugel, die nach dem Auftreffen fortspringt, erzeugen. Mit dieser einfachen Methode werden z. B. gelegentlich Druckmeßgeräte mit sehr gutem dynamischem Verhalten, z. B. fotoelektrische Indikatoren, kalibriert, wobei man bei diesen den ohnehin im Meßgerät vorhandenen Oszillografen zur Aufnahme der Gewichtsfunktion benutzt.

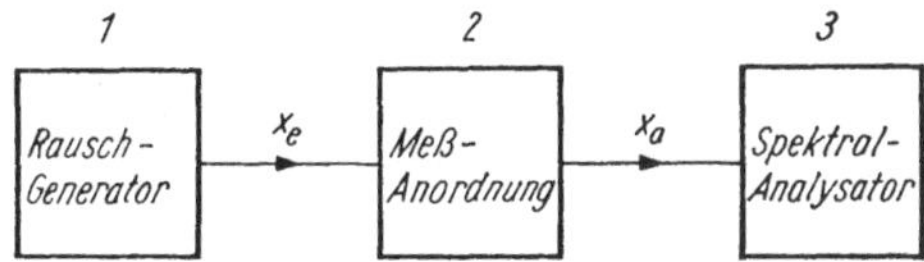

Bild 29. Bestimmung des Amplitudengangs unter Benutzung von Rauschen als Eingangsgröße

Neuerdings wird zur Ermittlung der dynamischen Eigenschaften auch Rauschen als Eingangsgröße benutzt. Wie im Bild 29 dargestellt, wird anstelle des Funktionsgenerators ein Rauschgenerator *1* an den Eingang des Prüflings angeschlossen. Wir nehmen an, daß dieser Rauschgenerator ein konstantes Rauschspektrum abgibt (Breitbandrauschen). Jede einzelne Spektrallinie wird dann entsprechend der Empfindlichkeit der Meßanordnung für die jeweilige Frequenz $|G(j\,\omega)|$ in der Amplitude geändert, so daß das Ausgangsspektrum diesem zu messenden Amplitudengang $|G(j\,\omega)|$ entspricht. An einem am Ausgang angeschlossenen Spektralanalysator *3* kann daher der Amplitudengang abgelesen werden (Bild 29).

Ist das Eingangsspektrum nicht konstant (farbiges Rauschen), so muß das sich ergebende Spektrum rechnerisch entsprechend diesem farbigen Rauschen korrigiert werden [2]. Durch Verwenden eines Korrelators als Anzeigegerät *3* kann nach dem gleichen Schema auch die Gewichtsfunktion und daraus die Einschwingzeit ermittelt werden [2].

Grundsätzlich haben die letztgenannten Methoden unter Benutzung von Rauschen als Eingangsgröße den Vorteil, daß man oft auf den Rauschgenerator *1* am Eingang verzichten und statt dessen das in jedem System entstehende Eigenrauschen benutzen kann. Da man deshalb nach diesen Methoden Systeme untersuchen kann, ohne irgendwelche Veränderungen am Eingang vornehmen zu müssen, bürgert sich das Verfahren insbesondere zur Bestimmung der dynamischen Eigenschaften von Regelstrecken in der Automatisierungstechnik ein. Man kann so auch komplizierte Anlagen während des normalen Betriebs untersuchen. In der Meßtechnik entfallen durch die Benutzung des Eigenrauschens insbesondere die Fehler durch den Generator.

6. Abschätzung der Meßfehler, typische Meßfehler

Bisher sind bezüglich der zu messenden Größe sehr starke Idealisierungen vorgenommen worden. Anstelle der wirklichen Funktionen sind die Sinusschwingung bei der Aufnahme des Frequenzgangs bzw. Stoß- und Sprungfunktion bei der Aufnahme der Gewichts- bzw. Übergangsfunktion als Eingangsgröße vorausgesetzt worden. Wir wollen nunmehr die Frage klären, wie man bei durch die eingeführten Kennwerte definiertem dynamischem Verhalten die Auswirkung auf beliebige Form der Eingangsgröße berechnen bzw. abschätzen kann. Dabei wird die gesamte Fragestellung dadurch erschwert, daß eben diese Form der Eingangsgröße vor der Messung nicht bekannt ist, sie soll ja erst durch die Messung festgestellt werden.

Der erste Schritt besteht daher darin, einen charakteristischen Verlauf der Meßgröße anzunehmen. Dann wird gezeigt werden, wie aus diesem vermuteten Verlauf des Meßvorgangs auf die erforderlichen Grenzfrequenzen bzw. Einschwingzeiten geschlossen werden kann. Schließlich sollen die entstehenden Meßfehler betrachtet werden, falls diese Forderungen nicht eingehalten werden.

Bei dieser Behandlung der Meßfehler kann man sowohl von der Grenzfrequenz als auch von der Einschwingzeit ausgehen. Genau wie bei den vorhergehenden Abschnitten soll auch hier mit der Frequenzdarstellung begonnen werden.

Als charakteristischen Meßgrößenverlauf nehmen wir zunächst die bereits im Abschn. 5.4., Bild 23, zur Ableitung des Abtasttheorems verwendete rechteckförmige Funktion an. Diese Funktion habe eine Periodendauer T. Ein derartiger Meßgrößenverlauf wird in sehr grober Näherung bei vielen Meßaufgaben auftreten, z. B. bei sich drehenden Maschinenteilen. Mit der Drehzahl n in Umdrehungen je Minute erhält man für die Periodendauer T

$$T/\text{s} = \frac{60}{n/\text{min}^{-1}} \ . \tag{38a}$$

Ein derartiger Meßgrößenverlauf kann nach *Fourier* in eine Summe von sinusförmigen Schwingungen zerlegt werden. Diese Zerlegung ist bereits im Abschn. 5.4. verwendet worden; vgl. die dortige Beziehung Gl. (32c). Nach dieser Gleichung ergibt sich die gleichwertige Spektraldarstellung [2]

$$f(t) = \frac{4}{\pi} \left(\sin \omega_0 t + \frac{1}{3} \sin 3\,\omega_0 t + \frac{1}{5} \sin 5\,\omega_0 t + \ldots \right) \ . \tag{38b}$$

Dabei bedeutet ω_0 die in der Rechteckfunktion enthaltene Grundschwingung mit der Periodendauer T, d. h.

$$\omega_0 = \frac{2\pi}{T} \cdot \tag{38c}$$

Im Bild 30a sind sowohl Rechteckfunktion als auch die Spektralschwingungen mit der Frequenz ω_0 (Grundwelle) sowie $3\,\omega_0$ (erste Oberwelle) dargestellt. Aus der Summation dieser beiden Harmonischen (Bild 30b) erkennt man bereits angedeutet die Rechteckfunktion. Würde man auch

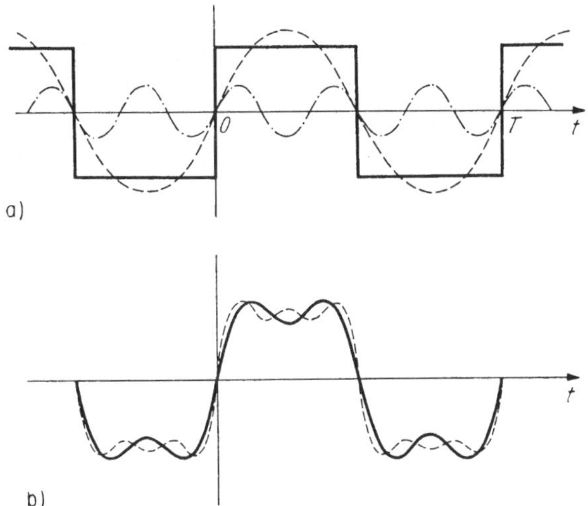

Bild 30. Rechteckförmiger Meßgrößenverlauf und Darstellung durch Harmonische

noch die zweite Oberwelle mit der Frequenz $5\,\omega_0$ hinzunehmen, so erhielte man den im Bild 30b gestrichelt eingezeichneten Verlauf. Man sieht, wie mit steigender Ordnungszahl der hinzugekommenen Oberwellen der Rechteckverlauf immer besser angenähert wird. Hat das Meßgerät eine obere Grenzfrequenz ω_{g0} gleich der Grundfrequenz ω_0, so wird gerade die Grundwelle hindurchgelassen; die anderen höheren Harmonischen werden nicht angezeigt. Daher erhält man anstelle der Rechteckfunktion die Sinusschwingung der Grundwelle (im Bild 30a gestrichelt eingezeichnet). Beträgt die Grenzfrequenz des Meßgeräts $\omega_g = 3\,\omega_0$, so ergibt sich die im Bild 30b ausgezogen gezeichnete Funktion; bei $\omega_g = 5\,\omega_0$ die gestrichelte Kurve des Bildes 30b.

Diese Überlegungen sind nur sehr grob, denn einmal wurde die stets zusätzlich vorhandene Phasendrehung völlig vernachlässigt, zum anderen wurde ein rechteckförmiger Verlauf des Amplitudengangs angenommen. Trotzdem ergeben sich aus dieser Betrachtung zwei wichtige Feststellungen:

Um die Höhe eines rechteckförmigen Meßgrößenverlaufs ohne Rücksicht auf die Form richtig zu messen, muß die Grenzfrequenz mindestens gleich der Frequenz der Grundschwingung sein, d. h.

$$f_g \geqq 1/T. \tag{39a, b}$$

Will man auch die Form angenähert richtig wiedergeben, so benötigt man mindestens die 5fache Grenzfrequenz, d. h.

$$f_g \geqq 5/T.$$

Mit Hilfe der Gl. (38a) kann man die Bedingungen auch auf die Drehzahl n der diesen Meßgrößenverlauf erzeugenden Maschine umrechnen. Außerdem zeigt das Bild 30b, daß die Abrundung der Ecken der Rechteckfunktion durch das Fehlen der Harmonischen höherer Ordnung hervorgerufen wird. Würde man nämlich noch die Oberschwingung mit der Frequenz $7\,\omega_0$ hinzunehmen, so würden sich noch bessere Annäherungen an den tatsächlichen eckigen Verlauf der Kurve ergeben usw.

Für die Abrundung der Ecken und Spitzen im Meßgrößenver- (39c) lauf ist die obere Grenzfrequenz des Meßgeräts verantwortlich.

Wir können die Überlegungen auch im Zeitbereich durchführen und erhalten dann entsprechende Bedingungen bezüglich der Einschwingzeit t_E. Hierzu nehmen wir am zweckmäßigsten einen impulsförmigen Verlauf der Meßgröße an, wie er im Bild 31 dargestellt ist. Dieser Impuls mit der Höhe x_{e0} und der Breite $\triangle T$ hat gegenüber der Rechteckfunktion von Bild 30a den Vorteil, daß sich wie diese Rechteckfunktion auch jede andere Funktion aus derartigen zeitlich versetzten Stößen aufbauen läßt (sog. Faltungsintegral, s. a. Abschn. 5.3., insbesondere Bild 18).

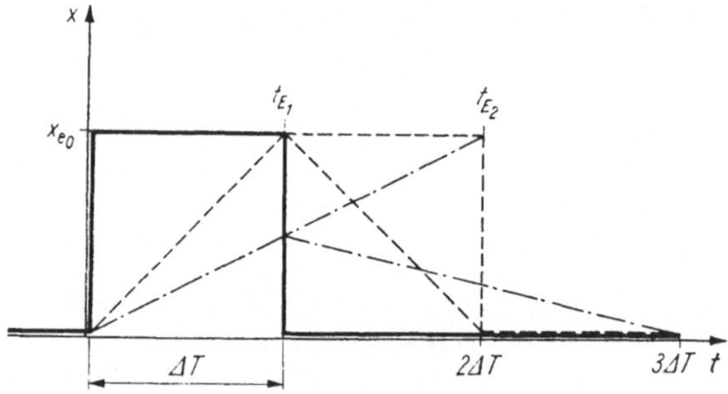

Bild 31. Zur Abschätzung der erforderlichen Einschwingzeit für richtige Messung der Höhe des Impulses

Die Übergangsfunktion eines Meßgeräts ersetzen wir durch eine linear ansteigende Gerade mit der Einschwingzeit t_E, wie im Abschn. 5.3. im einzelnen besprochen. In das Bild 31 wurde diese Funktion gestrichelt bzw. strichpunktiert für zwei verschiedene Einschwingzeiten t_{E1} und t_{E2} eingezeichnet. Die gestrichelte Ausgangsfunktion gehört zu einem

Meßgerät, dessen Einschwingzeit t_{E1} gerade der Impulsdauer gleich ist. Man erkennt, daß in diesem Fall anstelle des impulsförmigen Meßgrößenverlaufs ein dreieckförmiger Verlauf (gleichschenkliges Dreieck) angezeigt, daß jedoch die Höhe des Stoßes richtig wiedergegeben werden würde.

Andererseits gehört der strichpunktiert eingezeichnete Verlauf der Übergangsfunktion zu einem Meßgerät, dessen Einschwingzeit $t_{E2} = 2\triangle T$ betragen würde. In diesem Fall wird nur die halbe Höhe des tatsächlichen Meßwerts angezeigt, da erst nach $2\triangle T$ der volle Wert des Ausschlags des Meßgeräts erreicht werden würde. Der gesamte in diesem Fall angezeigte, strichpunktiert eingezeichnete Verlauf ergibt jetzt auch kein gleichseitiges Dreieck, da für das Ausschwingen die Zeit $t_E = 2\triangle T$ gebraucht wird. Hieraus ergibt sich der Satz:

> Soll die Höhe x_{e0} eines durch einen Impuls der Breite $\triangle T$ angenäherten Meßgrößenverlaufs richtig gemessen werden, so ist (40a) eine Einschwingzeit des Meßgeräts von höchsten $t_E = \triangle T$ zulässig.

Beim Vergleich mit dem entsprechenden Satz für die Grenzfrequenz (39a) erkennt man wiederum das Abtasttheorem, wie es im Abschn. 5.4., Gl. (31a), abgeleitet wurde. Für die Rechteckfunktion ist nämlich $\triangle T = T/2$, so daß sich $t_E = 1/(2\,f_g)$ beim Vergleich beider Sätze ergibt.

Bisher sind die Bedingungen für eine richtige Anzeige der Höhe besprochen worden. Soll dagegen auch die Form eines rechteckförmigen Meßgrößenverlaufs richtig gemessen werden, so reicht offensichtlich die Bedingung (40a) nicht aus. In diesem Fall wird nämlich nach Bild 31

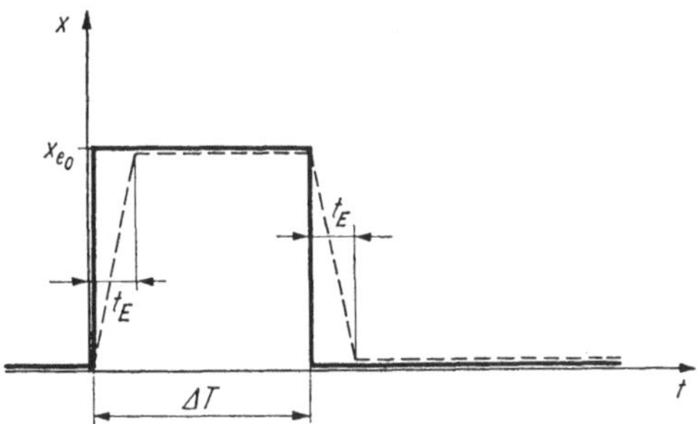

Bild 32. Abschätzung der erforderlichen Einschwingzeit, damit auch die Form richtig erkannt wird

nicht ein Stoß der Breite $\triangle T$, sondern ein Dreieck der Breite $2\triangle T$ gemessen. Im Bild 32 ist die sich ergebende Ausgangsfunktion für den Fall dargestellt, daß die Einschwingzeit t_E klein im Vergleich zur Breite des Stoßes $\triangle T$ ist. Das Bild läßt erkennen, daß grundsätzlich die steilen Flanken abgeschrägt wiedergegeben werden. Die Form wird demnach um so besser dem Rechteck entsprechen, je kürzer die Einschwingzeit t_E gegenüber der Impulsbreite $\triangle T$ wird. Man kann daher formulieren:

> Soll die Form eines durch einen Impuls der Breite $\triangle T$ ange-
> näherten Meßgrößenverlaufs näherungsweise richtig gemessen (40b)
> werden, so darf die Einschwingzeit höchstens $t_E = \triangle T/5$ be-
> tragen.

Beim Vergleich mit Satz (40a) erkennt man, daß eine etwa 5mal kleinere Einschwingzeit erforderlich ist als für die richtige Messung der Höhe. Damit wird die Grenzfrequenz 5mal so groß, so daß sich die Sätze (40b) und (39b) ebenfalls entsprechen.

Außerdem folgt die wichtige Feststellung:

> Die Abschrägung steiler Flanken ist eine Folge der oberen Grenz-
> frequenz. (40c)

Eine letzte Folgerung läßt sich aus der Betrachtung des Bildes 31 ableiten. Die dort angegebene strichpunktierte Ausgangsfunktion steigt nicht bis zur vollen Höhe des Meßwerts x_{eo}, sondern nur bis zu dem Bruchteil dieses Wertes, der durch das Verhältnis der Impulsbreite zur Einschwingzeit gegeben ist. Dies wird aus der angegebenen Konstruktion der strichpunktierten ansteigenden Geraden sofort deutlich.

> Ist die Einschwingzeit t_E eines Meßgeräts bei der Messung eines
> Impulses der Höhe x_{eo} und der Breite $\triangle T$ das k-fache der Breite (40d)
> $\triangle T$, d. h. $t_E = k \cdot \triangle T$, so wird anstelle der wirklichen Höhe
> x_{eo} nur ein Wert x_{eo}/k angezeigt.

Gerade dieser Satz hat besondere praktische Bedeutung, da er eine sofortige Abschätzung der Meßfehler bei dynamischen Messungen zuläßt. Die eben besprochenen Zusammenhänge sind nochmals in der Tafel 3 enthalten. Man findet hier typische Kurvenverzerrungen angegeben, wobei als Eingangsgröße wiederum der rechteckförmige Meßgrößenverlauf angenommen wird. Während der zweite Fall genau dem bereits ausführlich besprochenen Einfluß einer oberen Grenzfrequenz entspricht, gibt der dritte in dieser Tafel skizzierte Fall den Einfluß einer Frequenzbeschneidung bei tiefen Frequenzen, d. h. einer unteren Grenzfrequenz f_{gu} wieder. Nach Abschn. 5.2. tritt dieser Fall in der Praxis bei Wechselspannungsverstärkern und Meßgeräten mit derartigen Verstärkern, wie Katodenstrahloszillografen, sowie bei Quarz- und Bariumtitanat-Meßeinrichtungen auf. Typisch ist hier ein Abfall von parallel zur Zeitachse verlaufenden Linien, auch „Dachabfall" oder „Dachschräge" genannt. Der letzte in Tafel 3 angegebene Fall bezieht sich auf Meßeinrichtungen, die schwingungsfähige Gebilde enthalten. Man erkennt hier die im Bild 21 des Abschn. 5.3. dargestellten Übergangsfunktionen des Feder-Masse-Dämpfungssystems. In diesem Abschnitt ist als günstigste Dämpfung $D \approx 0{,}7$ angegeben worden. Bei dieser Dämpfung erhält man nach Bild 21 gerade kein wesentliches Überschwingen und demnach einen Verlauf ähnlich dem Fall 2 in Tafel 3. Dagegen ergeben sich sehr störende abklingende Schwingungen wie im letzten Fall der Tafel 3, wenn das schwingungsfähige Meßgerät nicht genügend gedämpft ist ($D < 0{,}6$).

Wiedergegebene Kurvenform	Typische Merkmale	Ursachen
	scharfe Ecken steile Flanken kein Dachabfall	ideale Meßeinrichtung $f_{go} = \infty$ $f_{gu} = 0$
	verwaschene Ecken schräge Flanken kein Dachabfall	zu geringe obere Grenzfrequenz untere Grenzfrequenz $f_{gu} = 0$.
	scharfe Ecken steile Flanken Dachabfall	untere Grenzfrequenz $f_{gu} \neq 0$ $f_{go} = \infty$
	schräge Flanken verwaschene Ecken Schwingungen	obere Grenzfrequenz zu gering zu wenig gedämpftes schwingungsfähiges Meßgerät

Zum Abschluß sei auch hier ein ausführliches Beispiel betrachtet: Eine Maschine, z. B. eine Pumpe, habe eine Drehzahl von $n = 300 \, \text{min}^{-1}$. Man erwartet den im Bild **33** dargestellten Meßgrößenverlauf, wobei die Spitze ein Druckstoß zunächst unbekannter Höhe ist, der durch das Schließen

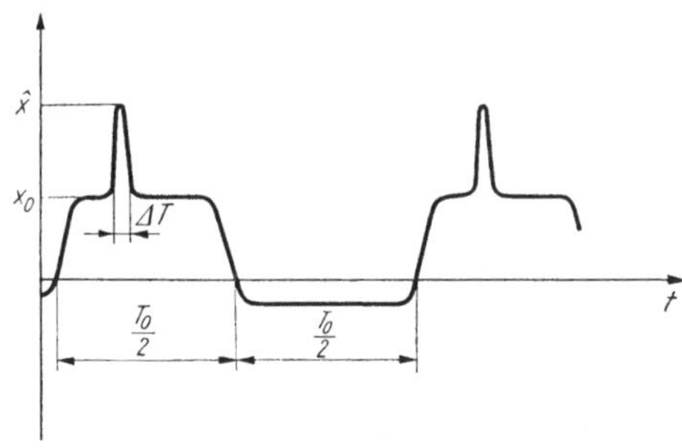

Bild 33. Meßgrößenverlauf für das Beispiel

eines Ventils hervorgerufen wird. Aus den Konstruktionsdaten der Maschine, insbesondere aus dem Ventilweg und der Form der Nockenwelle, die das Ventil steuert, sei zu entnehmen, daß die Schließzeit des Ventils 1/30 eines Umlaufs beträgt. Den angegebenen Daten entsprechend errechnet sich die Zeit T für einen Umlauf zu $T = 0,2$ s, da sich die Maschine mit 5 U/s dreht. Zur richtigen Messung der Höhe x_0 braucht man nach Satz (40a) eine Einschwingzeit des Meßgeräts von höchstens $t_E = 1/10$ s, da der zu messende Vorgang einem Rechteck mit der Höhe x_0 und der Breite $T/2 = 1/10$ s entspricht. Die erforderliche Grenzfrequenz ist dann nach Satz (39a) $f_{g0} = 5$ Hz.

Will man auch die Form des dick gezeichneten Kurvenverlaufs richtig erkennen, so muß nach Satz (40b) bzw. (39b) die Einschwingzeit mindestens 5mal kleiner, die Grenzfrequenz 5mal größer sein. Man müßte hierzu also ein Meßgerät mit einer Einschwingzeit von höchstens $t_E = 1/50$ s bzw. mit einer Grenzfrequenz von mindestens $f_{g0} = 25$ Hz wählen. Schließlich fragen wir nach den Daten für ein Meßgerät, das auch die kurze Druckspitze richtig messen soll. Da die Schließzeit 1/30 der Zeit für einen Umlauf beträgt, hat dieser Impuls eine Breite von $\triangle T = T/30 = 1/150$ s. Damit ergibt sich zur Messung der richtigen Höhe dieses Impulses die Forderung nach einer Einschwingzeit des Meßgeräts von höchstens $t_E = 1/150$ s $\doteq$ 6,6 ms bzw. einer Grenzfrequenz von mindestens 75 Hz. Soll auch die Form der Spitze richtig wiedergegeben werden, braucht man ein Meßgerät mit einer Grenzfrequenz von mindestens $5 \cdot 75 = 375$ Hz bzw. mit einer Einschwingzeit von höchstens $t_E = 1/750$ s $= 1,3$ ms.

Selbst bei dieser sehr langsam laufenden Pumpe kommt man in diesem Fall nicht mehr mit mechanischen Indikatoren aus, wie man beim Vergleich mit den in Tafel 1 und 2 angegebenen Werten erkennt. Würde es sich um einen schnellaufenden Verbrennungsmotor mit $n = 6000$ min^{-1} handeln, so wären sämtliche angegebenen Grenzfrequenzen um den Faktor $6000/300 = 20$ höher, alle erforderlichen Einschwingzeiten um den Faktor 20 kürzer. Für die richtige Messung der Spitze nach Form und Höhe würde man also ein Meßgerät mit einer Grenzfrequenz von mindestens 7,5 kHz benötigen, wofür man hochwertige elektrische Meßverfahren benutzen müßte [1].

7. Vermeidung und Korrektur der Meßfehler

Wie im vorigen Abschnitt gezeigt worden ist, ist für das Entstehen der Meßfehler in erster Linie das dynamische Verhalten des Meßgeräts verantwortlich. Selbst bei Erfüllung der Forderungen für richtige Erkennbarkeit der Höhe und Form eines Impulses, wie sie in den Sätzen (39) und (40) des vorigen Abschnitts formuliert sind, bleiben Meßfehler bestehen. Es werden z. B. die Ecken abgerundet und steile Flanken abgeschrägt, wie dies aus den Bildern 30 und 32 zu erkennen ist und auch der Tafel 3 entnommen werden kann.

Will man die Meßfehler vermeiden, so gibt es grundsätzlich nur die Möglichkeit, die Grenzfrequenzen f_{g0} entsprechend hoch bzw. die Einschwingzeiten t_E entsprechend klein zu wählen, so daß die Verfälschungen praktisch nicht ins Gewicht fallen. Man muß hierzu also einen bis zu möglichst hohen Frequenzen konstanten Amplitudengang $|G(j\,\omega)| = $ const bzw. eine Übergangsfunktion $h(t)$ anstreben, die möglichst genau sprungförmig verläuft (Bild 34). Dann entstehen jedoch neue Probleme, denn je höher die Grenzfrequenz wird, um so stärker machen sich die Störungen bemerkbar, die im Meßgerät selbst entstehen (z. B. elektronisches Rauschen). Dieser Effekt begrenzt schließlich die Möglichkeiten zur Verbesserung des dynamischen Verhaltens der Meßgeräte. Zunächst seien diese Störungen jedoch nicht berücksichtigt, erst zum Abschluß dieses Abschnitts werden wir ihren Einfluß einbeziehen.

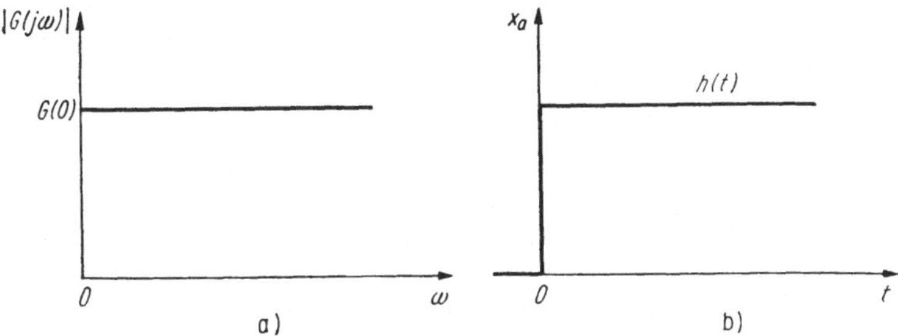

Bild 34. *Anzustrebender Amplitudengang (a) bzw. Übergangsfunktion (b) für fehlerfreie Messung*

Dem im Bild 34 dargestellten idealen Amplitudengang bzw. der Übergangsfunktion kann man auf verschiedene Weise nahe kommen:

1. möglichst hohe Grenzfrequenz durch optimale Wahl der Parameter (z. B. kleine Massen, günstige Dämpfung).

2. nachträgliche Korrektur der Ausgangsgrößen durch

2.1. rechnerische, z. T. grafische Verfahren

2.2. Verwendung von Rechnern, insbesondere Analogrechnern (Korrekturnetzwerke)

3. Anwendung des „Abtast-" oder „Sampling-Prinzips", das sich für periodischen oder zumindest wiederkehrenden gleichen Meßgrößenverlauf eignet.

Nach diesem Überblick sollen nunmehr die geschilderten Gesichtspunkte im einzelnen behandelt werden. Die günstigste Wahl der Parameter der Meßsysteme führt praktisch zu der Forderung nach möglichst kleinen Massen und großen Federkonstanten im mechanischen Fall bzw. kleinen Kondensatoren und Induktivitäten im elektrischen Fall. Für das Feder-Masse-Dämpfungssystem beispielsweise ergibt sich nach Abschn. 5.2. eine Grenzfrequenz, die im günstigsten Fall in der Nähe der Eigenfrequenz $\omega_0 = \sqrt{c/m}$ liegt. Nach dem Bild 16 dieses Abschnitts 5.2. kommt man bei einer optimalen Dämpfung von $D \approx 0{,}7$ zu diesem Wert $f_g \approx f_0$. Die Wahl der günstigsten Parameter führt daher in diesem Fall zu der Forderung nach entsprechender Dämpfung bei gleichzeitig möglichst kleiner Masse m und großer Federkonstante c. Eine kleine Masse läßt sich nur durch Verkleinerung der Abmessungen des Systems erreichen; eine große Federkonstante geht zu Lasten der Empfindlichkeit, denn die statische Empfindlichkeit eines derartigen Systems hängt von der Steifigkeit der Feder ab. Nach Gl. (23a) des Abschnitts 5.2. beträgt die statische Empfindlichkeit $1/c$. Daher führt die Forderung nach höherer Grenzfrequenz hier zwangsläufig zu einem unempfindlichen System. Der einzige Ausweg bleibt dann die nachträgliche Erhöhung der Empfindlichkeit durch eine Verstärkung des an sich geringen Ausschlags, wofür sich elektrische Verstärker bekanntlich besonders gut eignen. Wegen der Möglichkeit der Verstärkung gewinnt daher die elektrische Messung nichtelektrischer Größen zunehmend an Bedeutung.

Bei einfachen Temperaturmeßgeräten z. B. erhält man aus der Differentialgleichung für das Wärmegleichgewicht eine Einschwingzeit von [2]:

$$
t_{E/s} = \frac{3\ c/\frac{\text{kcal}}{\text{g}}\ \gamma/\frac{\text{g}}{\text{cm}^3}\ V/\text{cm}^3}{\alpha/\frac{\text{kcal}}{\text{cm}^2/\text{s}}\ A/\text{cm}^2}\ ; \tag{41}
$$

c spezifische Wärme

γ Dichte

α Wärmeübergangszahl

V Volumen

A Oberfläche

Kleine Einschwingzeit ist damit nur durch Erhöhung der Wärmeübergangszahl α und durch Wahl eines möglichst kleinen Verhältnisses von Volumen V zu Oberfläche A zu erreichen, was auch anschaulich sofort einleuchtet. Je größer nämlich das Volumen des zu erwärmenden Körpers ist, um so größer ist die für eine Temperaturerhöhung notwendige zuzuführende Wärmemenge, d. h., um so länger dauert die Erwärmung. Bei kugelförmigem Thermoelement ist das Verhältnis von $V/A = r/3$, d. h., man muß den Radius möglichst klein machen. Aus Gründen der Festigkeit kann man ein gewisses Maß nicht unterschreiten, so daß beim heutigen Stand der Technik Einschwingzeiten von 0,1 s für Miniaturthermoelemente bzw. 0,01 s für Vakuumthermoelemente etwa die untere Grenze darstellen.

Die angeführten Beispiele zeigen, daß es Grenzen für die durch optimale Wahl der Parameter erreichbaren Werte für Grenzfrequenz bzw. Einschwingzeit gibt, die technologisch bzw. konstruktiv begründet sind. Zur weiteren Verbesserung des angezeigten verfälschten Meßwertverlaufs kann man nunmehr versuchen, aus diesem verfälschten Verlauf durch Umrechnung, grafische Korrektur usw. den richtigen Verlauf zu bestimmen. Den Gedanken, der diesen Korrekturverfahren zugrunde liegt, wollen wir anhand von Bild 35 erläutern: Der tatsächliche, als dicke Linie dargestellte Meßgrößenverlauf $x_e(t)$ wird infolge der Einschwingzeit t_E des Meßgeräts verfälscht, wie gestrichelt eingezeichnet. Dabei ist das dynamische Verhalten des Meßgeräts bekannt, die Einschwingzeit t_E wird vom Hersteller im Prospekt angegeben. Betrachtet man die zwei Abhängigkeiten für $x_e(t)$ und $x_a(t)$ im Bild 35, so sieht man ein, daß sie eindeutig zusammenhängen und daß sich daher eine Abhängigkeit aus der anderen errechnen lassen muß. Während man üblicherweise, z. B. in der Regelungstechnik, bei gegebener Eingangsgröße

$x_e(t)$ die sich durch das dynamische Verhalten des Systems ergebende verzerrte Ausgangsgröße $x_a(t)$ berechnet, wird hier gerade der umgekehrte Zusammenhang $x_e(t) = f(x_a(t))$ gewünscht. Man kann daher durch Auflösen der Beziehungen für die Berechnung der Ausgangsgröße nach der Eingangsgröße den unverfälschten Verlauf der Eingangsgröße $x_e(t)$ aus der gemessenen Ausgangsgröße $x_a(t)$ wiedergewinnen [2]. Dies ist der Gedanke der Rückrechnung.

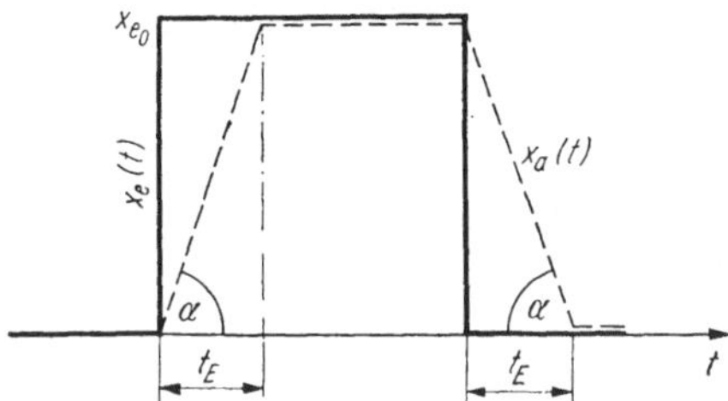

Bild 35. Zur Erläuterung des Grundgedankens der Korrektur verfälschter Meßwerte

Für die im Bild 35 dargestellten Verhältnisse hat man anstelle der ansteigenden gestrichelt eingezeichneten Geraden mit dem Steigungswinkel $\alpha = \arctan x_{e0}/t_E$ und damit dem Richtungsfaktor $m = x_{e0}/t_E$ einen konstanten Wert x_{e0} als Eingangsgröße vorliegen. Würde man also den ansteigenden Verlauf $x_a = m\,t = x_{e0}\,t/t_E$ differenzieren und mit t_E multiplizieren, so erhielte man *in diesem Bereich* die tatsächliche Meßgröße völlig ohne Verzerrung zurück. Es ist nämlich

$$t_E \frac{\mathrm{d}x_a(t)}{\mathrm{d}t} = t_E \frac{\mathrm{d}}{\mathrm{d}t} \frac{x_{e0}}{t_E} t = x_{e0} \, . \tag{42}$$

Ein zweites, auch praktisch sehr wichtiges Beispiel zeigt Bild 36. Hier ist die Ausgangsgröße eines einfachen Temperaturmeßgeräts dargestellt, wenn am Eingang eine sprungförmig verlaufende Meßgröße liegt. Man erhält diese Übergangsfunktion aus der für diesen Fall geltenden Differentialgleichung [2]:

$$\frac{c\gamma V}{\alpha A} \, \dot{x}_a + x_a = x_e \, ; \tag{43a}$$

$c\gamma V/\alpha A = T$ Zeitkonstante

c spezifische Wärme

γ Dichte

α Wärmeübergangszahl

V Volumen

A Oberfläche

Für diese Übergangsfunktion ergibt sich nach den Rechenregeln zur Lösung der Differentialgleichung (43a)

$$x_a(t) = x_{eo} \, (1 - e^{-t/T}) \, . \tag{43b}$$

Diese Funktion ist die Antwort auf eine sprungförmige Eingangsgröße mit der Sprunghöhe x_{eo}. Bild 36 zeigt ihren Verlauf, wobei der Übergangsprozeß praktisch nach $t_E = 3\,T$ abgeklungen ist, da $e^{-3} = 1/20$ ist. Man hat dann also 95% des Endwerts x_{eo} erreicht. In der Gl. (41) war diese Einschwingzeit für dieses Meßgerät bereits benutzt worden.

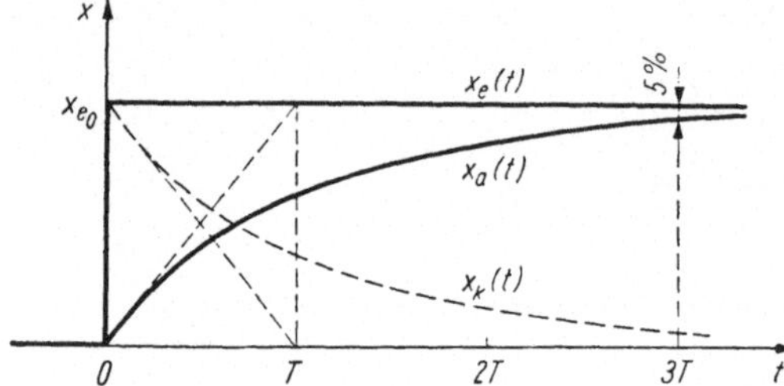

Bild 36. Erklärung der Korrektur am Beispiel eines einfachen Temperaturmeßgeräts

Um zum unverfälschten Verlauf der Eingangsgröße $x_e(t)$ zu kommen, hätten wir offensichtlich die in das Bild als gestrichelte Kurve eingezeichneten Werte $x_k(t)$ zum verzerrten Verlauf $x_a(t)$ hinzuzunehmen. Die Abhängigkeit $x_k(t)$ hat als abfallende e-Funktion folgenden Verlauf

$$x_k(t) = x_{eo} \, e^{-t/T} \, . \tag{43c}$$

Wie man sieht, erhält man tatsächlich

$$x_a(t) + x_k(t) = x_{eo}(1 - e^{-t/T}) + x_{eo} \, e^{-t/T} = x_{eo} \, . \tag{43d}$$

Der Verlauf für $x_k(t)$ läßt sich rechnerisch aus dem Verlauf des verfälschten Meßwerts $x_a(t)$ gewinnen; denn es gilt

$$x_k(t) = T\dot{x}_a(t) = T \frac{1}{T} x_{eo} \, e^{-t/T} \, . \tag{43e}$$

Den unverfälschten Meßwert erhält man daher in unserem Fall, wenn man

$$x_a(t) + x_k(t) = x_a(t) + T \, \dot{x}_a(t) \tag{44}$$

bildet. Damit ist die gesuchte Rechenoperation gefunden, die der Korrekturrechner auszuführen hat. Eine genauere Theorie liefert in Anlehnung an die Theorie der Regelungstechnik direkte Regeln für das Auffinden der optimalen Rechenoperation zur Korrektur verfälschter Meßwerte [2].

Hierauf werden wir später noch einmal zurückkommen; vgl. die Beziehungen Gln. (45) und (46).

Zur Realisierung der Rechenoperation nach Gl. (44) hat man also einen proportionalen Anteil $x_a(t)$ und einen differenzierten Anteil $\dot{x}_a(t)$ zu addieren. Dies könnte man z. B. durch einen Digitalrechner verwirklichen. Da der Meßwert jedoch als Verlauf einer physikalischen Größe (z. B. einer elektrischen Spannung) vorliegt, eignen sich meist Analogrechner für die Durchführung derartiger Rechenoperationen besser. In unserem Fall hat ein derartiger Analogrechner aus einem P-Glied (proportionaler Anteil, x_a) und einem D-Glied (differenzierter Anteil, $\dot{x}_a$) zu bestehen. Die Schaltung eines derartigen PD-Gliedes als elektrischer Analogrechner zeigt das Bild 37. Derartige Korrekturglieder werden auch als Korrekturnetzwerke bezeichnet.

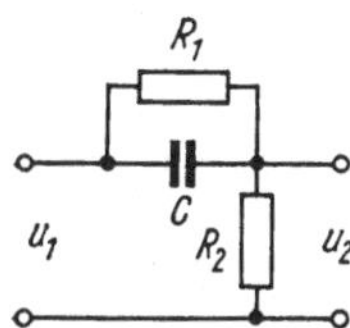

Bild 37. *Realisierung der Rechenoperation nach Bild 36 durch einen elektrischen Analogrechner*

Im Bild 38 sind die experimentell aufgenommenen Übergangsfunktionen für ein Temperaturmeßgerät ohne Korrektur (Bild 38a) und für ein durch ein nachgeschaltetes Korrekturnetzwerk nach Bild 37 korrigiertes gleiches Meßgerät (Bild 38b) dargestellt [2]. Man erkennt die wesentliche Verkleinerung der Zeitkonstante um einen Faktor a, der von der Dimensionierung des Korrekturnetzwerks nach Bild 37 abhängt [10].

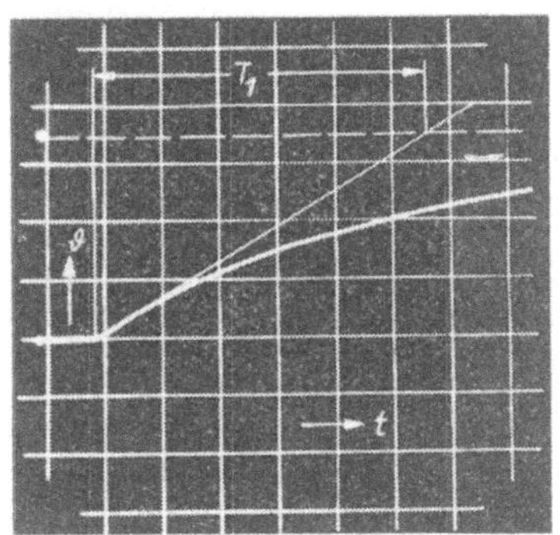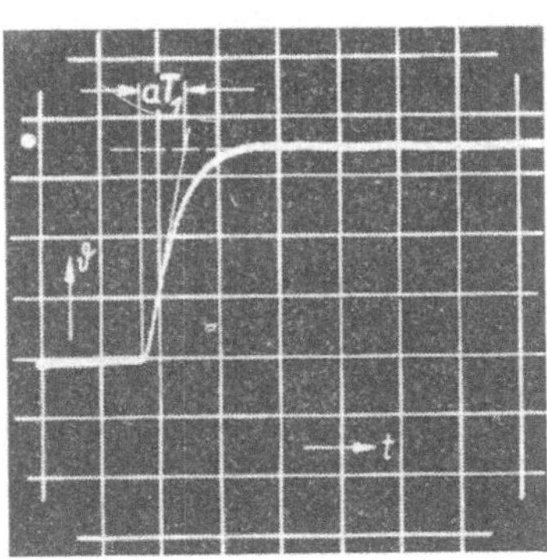

Bild 38. *Experimentell aufgenommene Übergangsfunktionen eines einfachen Temperaturmeßgerätes* [2]
a) ohne Korrektur; b) mit Korrektur

Die bisher besprochene Korrektur durch nachgeschaltete Korrekturnetzwerke läßt sich auch allgemein behandeln. Wie im Bild 39a skizziert, wird die verfälschte Ausgangsgröße x_{a1} des Meßgeräts mit dem Frequenzgang $G(\mathrm{j}\,\omega)$ durch ein nachgeschaltetes Korrektursystem mit dem

Frequenzgang $G_k(j\omega)$ korrigiert, so daß x_{a_2} möglichst weitgehend die unverzerrte Meßgröße darstellt. Im vorigen Beispiel stellte dieses Netzwerk $G_k(j\omega)$ die erforderliche Rechenoperation nach dem Analogrechnerverfahren her (PD-Netzwerk nach Bild 37). Bei derartigen rückwirkungsfrei

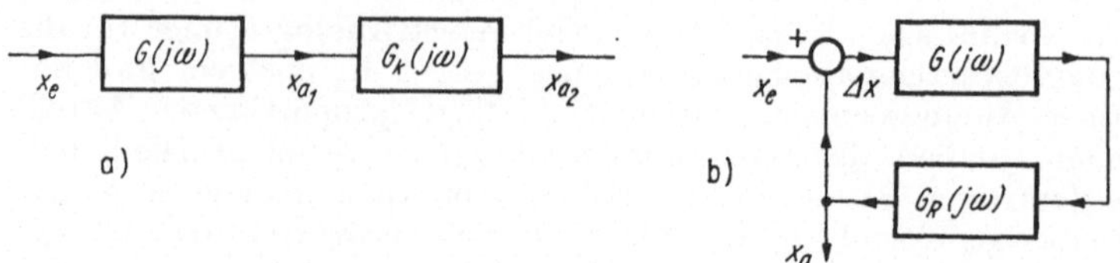

Bild 39. Korrektur durch nachgeschaltete Korrekturglieder (a) und durch Regelkreise nach dem Kompensationsprinzip (b)

hintereinandergeschalteten Systemen multiplizieren sich bekanntlich die Frequenzgänge, so daß das korrigierte System aus der Hintereinanderschaltung der zwei Systeme als ein System mit dem Frequenzgang

$$G_{\text{ges}}(j\omega) = G(j\omega)\, G_k\,(j\omega) \tag{45}$$

aufgefaßt werden kann. Am Anfang dieses Abschnitts hatten wir als Forderung für ein ideales Meßgerät $G(j\omega) = \text{const}$ gefunden, wie auch im Bild 34 dargestellt. Daher ergibt sich für das Korrekturnetzwerk

$$G_k(j\omega) = \frac{\text{const}}{G(j\omega)}\,, \tag{46}$$

d. h., das Korrekturnetzwerk soll möglichst genau das inverse Verhalten des Meßgeräts aufweisen. Im Fall unseres Temperaturmeßgeräts lautet der Frequenzgang $G(j\omega)$, wie aus der Differentialgleichung (43a) abgelesen werden kann,

$$G(j\omega) = \frac{1}{1 + j\omega T}\,, \tag{46a}$$

so daß man als Forderung für das Korrekturnetzwerk

$$G_k(j\omega) = \text{const}\,(1 + j\omega T) \tag{46b}$$

erhält. Die Gl. (46b) stellt den Frequenzgang eines idealen PD-Netzwerks dar, wie auch vorn bereits auf anderem Weg abgeleitet.

Das System nach Bild 39a läßt sich auch in das des Bildes 39b umrechnen, so daß das Verhalten zwischen dem Ausgang x_a und dem Eingang x_e bei beiden Systemen das gleiche ist. Das im Bild 39b gezeigte Prinzip finden wir bei einer ganzen Klasse von Meßgeräten, bei den sog. Kompensationsverfahren, verwirklicht. Man kann daher auch das Kompensationsprinzip zur Korrektur des dynamischen Verhaltens verwenden [2].

Für das Verhalten des geschlossenen Regelkreises nach Bild 39b zwischen der Eingangsgröße x_e und der Ausgangsgröße x_a erhält man nach den

Gesetzen der Regelungstheorie den sog. Führungsfrequenzgang $G_W(j\,\omega)$ [RA 10]. Er läßt sich leicht ableiten: Mit den Bezeichnungen des Bildes 39 b erhalten wir die Gleichungen

$$x_a = G\,(j\,\omega)\,G_R(j\,\omega)\,\triangle x \tag{47a}$$

$$\triangle x = x_e - x_a\,. \tag{47b}$$

Setzt man die Gl. (47 b) in (47 a) ein, so ergibt sich

$$x_e\,G(j\,\omega)\,G_R(j\,\omega) - x_a\,G(j\,\omega)\,G_R(j\,\omega) = x_a$$

und daraus für den gesuchten Frequenzgang zwischen x_a und x_e

$$\frac{x_a}{x_e} = G_W\,(j\,\omega) = \frac{G(j\,\omega)\,G_R(j\,\omega)}{1 + G(j\,\omega)\,G_R(j\,\omega)} = \frac{G(j\,\omega)}{1/G_R(j\,\omega) + G(j\,\omega)}\,. \tag{47c}$$

Falls $G_R(j\,\omega) \gg 1$ gewählt wird, so daß auch $G(j\,\omega)\,G_R(j\,\omega) \gg 1$ ist, erhält man für den Frequenzgang $G_W(j\,\omega)$ dieses Kompensationsmeßgeräts in guter Näherung eine Konstante, da der Nenner praktisch gleich dem Zähler der Gl. (47 c) wird. Damit ist gezeigt, daß mit dem Kompensationsverfahren ebenfalls ein angenähert ideales Verhalten zu erreichen ist, so daß dieses Verfahren dem mit nachgeschaltetem Korrekturnetzwerk gleichwertig ist. Ein typisches Beispiel für ein derartiges Kompensationsverfahren mit wesentlich verbesserten dynamischen Eigenschaften gegenüber dem unkorrigierten Meßgerät ist das „Konstanttemperaturanemometer", wie es in der Strömungsmeßtechnik und in der Wärmetechnik viel verwendet wird [1] [2].
Sowohl bei dem Korrekturverfahren durch nachgeschaltete Netzwerke als auch beim Kompensationsverfahren treten zusätzliche Schwierigkeiten auf, die bisher außer acht gelassen worden sind. Wäre es nämlich ohne jeden Nachteil möglich, das dynamische Verhalten durch derartige Maßnahmen beliebig zu verbessern, so könnte man das dynamisch schlechteste Meßgerät für Messungen mit beliebig hohen Anforderungen verwenden. Man brauchte sich dann also keine Mühe zu geben, Meßgeräte mit gutem dynamischem Verhalten zu entwickeln, da man ja nachträglich das Verhalten in gewünschter Weise verbessern könnte. Tatsächlich gibt es Grenzen für die Verbesserung eines dynamischen Verhaltens, die im folgenden betrachtet werden sollen.
Ein Grund liegt darin, daß es praktisch nicht möglich ist, den zu einem gegebenen Frequenzgang inversen Frequenzgang, so wie Gl. (46) das fordert, beliebig genau zu realisieren.
So führt beispielsweise die Ausführung der in Gl. (44) abgeleiteten Rechenoperation auf ein System, das sich nicht verwirklichen läßt. Der dieser Gleichung entsprechende Frequenzgang des Korrektursystems für dieses Beispiel ist nämlich nach Gl. (46 b) ein ideales PD-Netzwerk. Wie man dieser Gl. (46 b) entnimmt, würde das bedeuten, daß sich für sehr hohe Frequenzen ω ein sehr großer Wert für das Verhältnis von Ausgangsgröße zu Eingangsgröße ergeben müßte. Im Grenzfall $\omega \to \infty$ müßte dieser Wert sogar unendlich groß werden. Das läßt sich natürlich praktisch nicht erreichen. Daher dürfte eine Korrektur um etwa den Faktor 10

bis 100, d. h. eine Verkleinerung der Zeitkonstanten um diesen Faktor, meist die Grenze des Erreichbaren darstellen.

Ein zweiter Grund ist oft praktisch noch ausschlaggebender: Bisher sind alle Störungen, die im Meßgerät entstehen, außer acht gelassen worden. In Wirklichkeit haben jedoch alle Meßgeräte einen „inneren Störpegel", der z. B. zwangsläufig vom Rauschen elektronischer Bauelemente, wie Widerstände, Transistoren, Röhren usw., hervorgerufen wird. Dieser Störpegel hat meist ein konstantes Spektrum, d. h., er enthält alle Frequenzen mit annähernd gleicher Amplitude. Durch das nachgeschaltete Korrekturnetzwerk werden bestimmte Frequenzen angehoben, so daß der Gesamtstörpegel stark zunimmt und schließlich bei hohen Korrekturfaktoren so groß werden kann, daß er das Signal verdeckt und damit das Korrekturprinzip unbrauchbar macht. Für unser Beispiel erkennt man dies gut aus der Gl. (46b) für den erforderlichen Frequenzgang des Korrekturnetzwerks. Nach dieser Gleichung erfolgt durch das Korrekturnetzwerk eine Anhebung der hohen Frequenzen und damit des Rauschspektrums. Je mehr man korrigiert, um so größer wird der Frequenzbereich, in dem die Gl. (46b) eingehalten wird, und um so größer wird der Störpegel [2]. Man sieht diese Zunahme des Störpegels auch aus den aufgenommenen Übergangsfunktionen, wie sie in Bild 38 dargestellt sind. Während die Übergangsfunktion des unkorrigierten Systems (s. Bild 38a) praktisch noch kein Rauschen erkennen läßt, ergeben sich bereits bei dem um einen Faktor von etwa 10 korrigierten System (s. Bild 38b) sichtbare Rauschkomponenten. Auch aus diesem Grund stellt meist eine Verbesserung des dynamischen Verhaltens um den Faktor 10 bis 100 die Grenze dar [2]. Die genauere Theorie faßt das Korrekturfilter

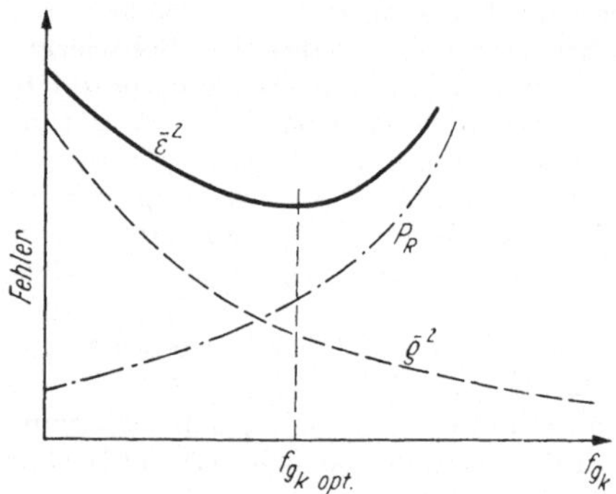

Bild 40. Zur Erläuterung der Dimensionierung nach dem Kriterium des minimalen mittleren quadratischen Fehlers

als „Optimalfilter" auf und dimensioniert es so, daß der aus dynamischem Fehler $\bar{\varrho}^2$ und Störungen P_R zusammengesetzte gesamte mittlere quadratische Fehler $\bar{\varepsilon}^2$ zu einem Minimum wird. Wie wir gesehen haben, nimmt der dynamische Meßfehler $\bar{\varrho}^2$ mit steigendem Korrekturgrad, beschrieben durch die Grenzfrequenz des korrigierten Meßgeräts f_{gk}, ab,

wie das Bild 40 zeigt. Dagegen nimmt der durch Störungen hervorgerufene Fehler P_R zu. Der aus beiden Anteilen gebildete Gesamtfehler $\overline{\varepsilon^2}$
durchläuft daher, wie aus Bild 40 zu erkennen, ein Minimum, das die
optimale Bandbreite des korrigierten Systems kennzeichnet.
Schließlich sei noch erwähnt, daß bei den bisher durchgeführten Überlegungen stets ein lineares System vorausgesetzt worden ist. In der Praxis
trifft dies oft nur bis zu einem gewissen Grad zu, so daß auch aus diesem
Grund Grenzen für die Korrekturmöglichkeiten bestehen. In [10] sind
diese Grenzen infolge der nichtlinearen Kennlinie der Thermoelemente
für eine Temperaturmeßeinrichtung näher untersucht worden.

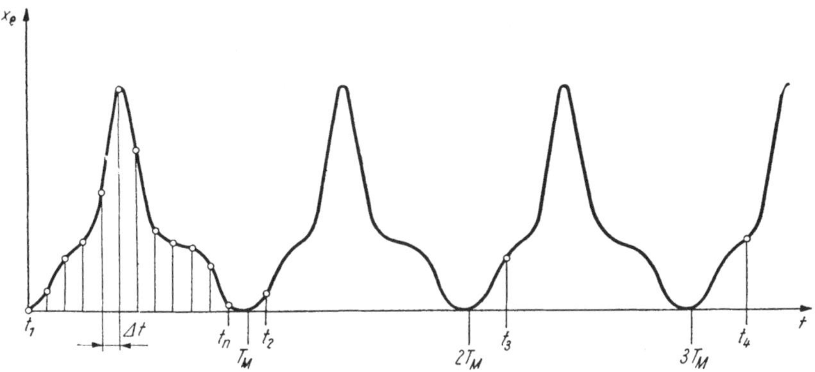

Bild 41. Zur Erläuterung des Sampling-Verfahrens [2]

Zu den Verfahren zur Vermeidung und Korrektur der dynamischen Meßfehler gehört auch das „Abtastverfahren" oder auch „Sampling-Verfahren". Dieses Verfahren ist für sich wiederholende Meßvorgänge geeignet. Der Grundgedanke besteht darin, je Periode immer nur einen Meßwert zu entnehmen, diese Meßwerte jedoch jeweils um eine kleine Zeit
$\triangle t$ innerhalb der einzelnen Perioden gegeneinander zu versetzen. Wie das
Bild 41 erkennen läßt, kann man dadurch die Aufnahme der gesamten
Kurve auf n Perioden verteilen, wenn man n Abtastwerte benutzt, d. h.
das Verhältnis von $\triangle t$ zur Periodendauer der Meßgröße T_m zu $\triangle t/T_m =$
$1/n$ wählt.
Das Bild 42 zeigt die technische Ausführung dieses Prinzips: Der Schalter
1 wird durch den Steuergenerator *3* über die Verbindung *5* einmal je
Periode für eine kurze Zeit geschlossen. Da der Steuergenerator *3* über
die Verbindung *6* durch die Meßgröße mit deren Periode T_M synchronisiert wird, erreicht man, daß die Impulse in der Leitung *5* jeweils um
die Zeiten $T_M + r\triangle t$ nacheinander erzeugt werden. Demnach werden,
wie Bild 41 zeigt, Meßwerte zu den Zeiten $t_1; t_2; \ldots; t_n$ nacheinander
entnommen. Diese Meßwerte (Sampling-Werte) werden im Verstärker *9*
verstärkt und dem y-Eingang des Oszillografen über die Verbindung *4*
zugeführt. Die Kippfrequenz des Kippgeräts des Oszillografen wird
ebenfalls, und zwar über die Verbindung *7*, mit der Periode der Meßgröße

T_M synchronisiert. Dadurch erreicht man, daß jeder Stellung des Strahls in x-Richtung eine bestimmte Zeit innerhalb der Periode T_M entspricht. Die am Verstärkereingang nacheinander anliegenden Impulse entsprechen in ihrer Höhe dem jeweiligen Meßwert zu der Zeit t_r. Sie werden durch die Gewichtsfunktion des Verstärkers verzerrt, so daß, wie im Bild 42 rechts dargestellt, Gewichtsfunktionen mit verschiedener Höhe um $\triangle$ versetzt auf dem Oszillografen übereinander geschrieben werden würden.

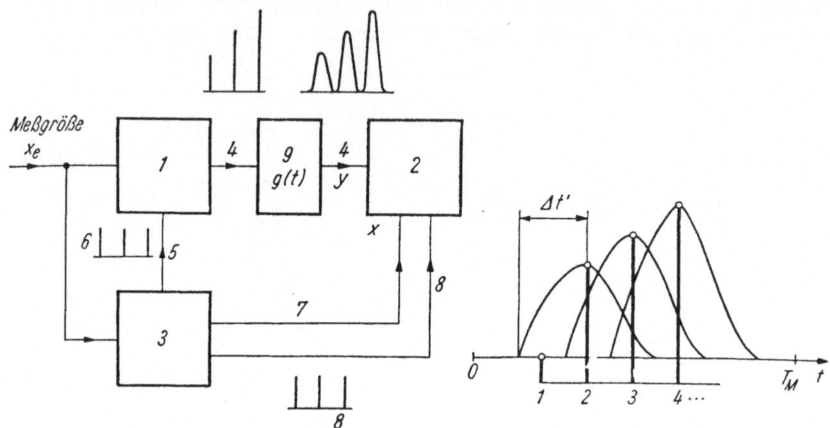

Bild 42. *Schematische Darstellung einer Meßanordnung unter Benutzung des Sampling-Verfahrens* [2]

1 Schalter, über Verbindung *5* gesteuert

2 Oszillograf mit y-Eingang *4* und Kippgerät, das über die Verbindung *7* mit T_M synchronisiert wird

3 Steuergenerator, durch Verbindung *6* mit T_M synchronisiert, er gibt ferner über die Verbindung *5* je Periode einen Impuls zur Steuerung des Schalters *1* ab, außerdem über Verbindung *8* einen etwas verzögerten Impuls zur Hellsteuerung des Oszillografen

9 Verstärker mit Gewichtsfunktion $g(t)$

Dies verhindert man, indem der Strahl des Oszillografen normalerweise dunkel gestellt und erst über einen kurzen, zeitlich versetzten Impuls vom Steuergenerator *3* über die Verbindung *8* hellgetastet wird. Da der Strahl bei jeder einzelnen Gewichtsfunktion zu derselben relativen Zeit hellgetastet wird, entspricht die Auslenkung des Strahls in y-Richtung unabhängig von den Eigenschaften des Verstärkers *9* dem jeweiligen Meßwert. Das Verfahren hat damit eine sehr hohe Grenzfrequenz, die nur von der Zahl der gewählten Abtastpunkte abhängt. Nach dem Abtasttheorem des Abschnitts 5.4. erhält man für diese Grenzfrequenz

$$f_g = 1/(2 \triangle t) \,. \tag{48}$$

Sie ist damit unabhängig von den dynamischen Eigenschaften des Meßgeräts selbst. Die einzige Forderung an das dynamische Verhalten des Verstärkers ist, daß dessen Gewichtsfunktion praktisch abgeklungen sein muß, bevor ein neuer Impuls kommt [2].

Das Verfahren wird vor allem für die Messung periodisch wiederkehrender kurzer Impulse verwendet (Sampling-Oszillograf). Man erreicht heute Grenzfrequenzen von etwa 10 GHz und kann damit noch Impulse von Bruchteilen von Nanosekunden Dauer darstellen (s. a. Tafeln 1 und 2).

8. Typische Beispiele für die Auswertung von Meßergebnissen

Für die Aufnahme zeitlich veränderlicher Meßwerte, wie sie im Mittelpunkt der Betrachtungen stehen, verwendet man in der Praxis entweder für relativ niedrige Grenzfrequenzen von einigen hundert Hertz schreibende Meßgeräte oder bei höheren Forderungen an die Grenzfrequenz Oszillografen [1]. Daher stellt der Katodenstrahloszillograf ein wichtiges Kernstück sehr vieler Meßanordnungen dar, und wir wollen uns in diesem Abschnitt besonders mit der Auswertung der auf seinem Schirmbild entstehenden Kurvenform beschäftigen.

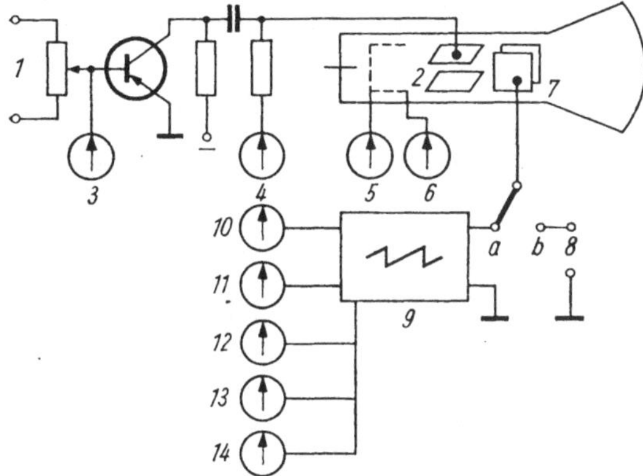

Bild 43. Prinzipplan des Katodenstrahloszillografen

1 y-Meßeingang
2 y-Meßplatten
3 Einstellung der Verstärkung der Meßgröße (Bildhöhe)
4 Einstellung der Strahlstellung vertikal
5 Einstellung der Strahlhelligkeit
6 Einstellung der Strahlschärfe
7 x-Zeitplatten
8 x-Zeitplatteneingang (bei Stellung des Schalters in Stellung b)
9 Kippspannungsgenerator
  (Sägezahngenerator)
10 Einstellung der Strahlstellung horizontal
11 Einstellung der Kippspannung (Bildbreite)
12 Einstellung der Kippfrequenz, grob und fein
13 Einstellung der Kippfrequenz fein
14 Einstellung der Synchronisation

Das Prinzip eines derartigen Katodenstrahloszillografen mit den wichtigsten Funktionseinheiten ist im Bild 43 dargestellt [RA 85], [1]. Die eigentliche Katodenstrahlröhre enthält ein System zur Erzeugung eines

Elektronenstrahls, dessen Helligkeit durch die Spannung an dem Gitter *5*
und dessen Schärfe durch Einstellen der Vorspannung des Wehnelt-
Zylinders *6* gewählt werden können. Diese Katodenstrahlröhre hat ferner
je ein Ablenkplattenpaar für die Ablenkung des Katodenstrahls in
y-Richtung *(2)* und in *x*-Richtung *(7)*. Die Spannung des Meßvorgangs
wird in einem eingebauten Verstärker auf den für die Ablenkung erforderlichen Wert erhöht, wobei man die Spannungsamplitude am Spannungsteiler *1* wählen kann. Man stellt damit die Bildhöhe so ein, daß der Bildschirm voll ausgeschrieben wird. Durch Anlegen zusätzlicher Gleich-
spannungen an die *x*- und *y*-Platten läßt sich ferner das gesamte Bild
in horizontaler *(10)* bzw. in vertikaler Richtung *(4)* verschieben. Die
x-Platten können wahlweise durch einen Schalter *a; b* entweder von
außen über den *x*-Eingang *8* mit einer zweiten Spannung versorgt werden,
oder es kann ein Kippspannungsgenerator *9* angeschaltet werden, (gezeichnete Schalterstellung *a*). Der Kippspannungsgenerator *9* erzeugt
einen sägezahnförmigen Spannungsverlauf, der den Strahl periodisch
in *x*-Richtung ablenkt. Auf dem Oszillografen entsteht daher ein stehendes
Bild, wenn die Kippfrequenz bei periodischem Meßgrößenverlauf ein
ganzzahliger Teil der Grundfrequenz des Meßvorgangs ist. Diese Bedingung läßt sich durch Verändern der Kippfrequenz (grob *12*; fein *13*)
näherungsweise einhalten. Da es natürlich nicht möglich ist, die Kippfrequenz durch Einstellen ganz genau einem Teil der Grundfrequenz des
Meßvorgangs gleich zu machen, würde das Bild entsprechend der ver-
bleibenden Frequenzdifferenz langsam „durchlaufen". Um dies zu vermeiden, ist es durch Betätigung der Synchronisation *14* möglich, die
Kippfrequenz genau mit der Grundfrequenz des Meßvorgangs zu syn-
chronisieren. Hierbei wird über einen Spannungsteiler, der durch den
Knopf *14* verstellt wird, ein Teil der Meßspannung dem Kippgerät zugeführt und bewirkt so einen Zwangsgleichlauf.

Der Katodenstrahloszillograf hat beim praktischen Betrieb den Vorteil,
daß er überlastbar ist. Ein kurzzeitiges Anlegen einer zu hohen Spannung
führt bei ihm nicht zur sonst so gefürchteten Zerstörung des Meßgeräts
(Durchbrennen). Besonders vom Nicht-Elektrotechniker wird dieser
Vorteil sehr geschätzt. Man hat lediglich darauf zu achten, daß der Strahl
ohne Auslenkung nicht zu hell gestellt wird, da sonst der Leuchtfleck
einbrennen und der Schirm an dieser Stelle taub werden kann.

In der Praxis liegen in den meisten Fällen periodische Meßgrößen vor.
Macht man die Kippfrequenz gleich der Grundfrequenz des Meßvorgangs,
so entsteht auf dem Oszillografen ein stehendes Bild, wie es im Bild 44
als Beispiel dargestellt ist. Dabei wurde der Strahlrücklauf gestrichelt
eingezeichnet. Dieses Bild wird fotografisch aufgenommen und kann
damit ausgewertet werden.

Die Auswertung eines derartigen Oszillografenbilds beginnt damit, daß
die Maßstäbe der *y*- und *x*-Achse festgestellt werden. Dabei stellt entsprechend dem Bild 43 die *y*-Achse den Meßwert, die *x*-Achse die Zeit
dar. Spezielle Meßoszillografen haben kalibrierte Achsen, d. h., vom
Hersteller werden der Einstellknopf *1* für die Bildhöhe mit einer Skale
in cm/V, die Einstellknöpfe *12* und *13* mit einer Skale in cm/s versehen.
Außerdem wird vor dem Bildschirm ein durchsichtiges Quadratnetz in
mm-Teilung angebracht, das eventuell beleuchtet ist und dann auch auf

dem fotografierten Schirmbild erscheint. Damit ist unter Berücksichtigung der Skalenstellung des Knopfes *1* eine direkte Auswertung des Verlaufs der Meßgröße in Abhängigkeit von der über die Skalenstellung des Knopfes *12* bzw. *13* errechenbaren Zeit möglich.

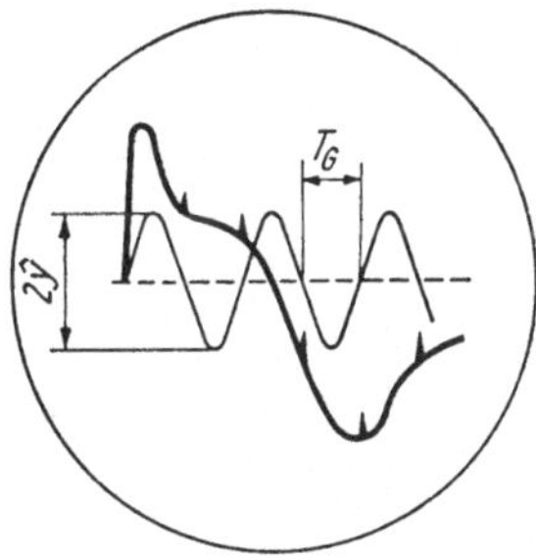

*Bild 44. Möglichkeiten zur Kalibrierung der Meß-
größen- und Zeitachse*

Bei den gewöhnlichen Oszillografen sind Verstärkung, d. h. Skale des Knopfes *1* und Kippfrequenz, d. h. Skalen der Knöpfe *12* und *13*, nur sehr grob unterteilt und geben damit nur Richtwerte an, die zur genaueren Auswertung nicht geeignet sind. In diesen Fällen muß zunächst der Maßstab der *y*-Achse festgestellt werden. Hierzu verwendet man am besten eine Sinusspannung bekannter (am besten einstellbarer) Amplitude $\hat{U}$ und mißt die zugehörige maximale Auslenkung $\hat{y}$ der auf dem Oszillografen dargestellten Sinuskurve. Noch sicherer ist es, wie auch im Bild 44 angedeudet, den doppelten Wert $2\,\hat{Y}$ abzulesen, da hierbei Fehler bei der Ermittlung des Nullwerts vermieden werden. Zu beachten ist dabei, daß die üblichen Voltmeter den Effektivwert U_{eff} der angelegten Wechselspannung anzeigen. Man muß dann den Spitzenwert nach der für sinusförmige Schwingungen geltenden Beziehung $\hat{U} = U_{\text{eff}} \cdot \sqrt{2}$ berechnen.

Im Anschluß an die Maßstabsermittlung der *y*-Achse muß nunmehr die Zeitachse kalibriert werden. Am einfachsten geht dies, wenn auch hierzu wieder anstelle der Spannung des Meßvorgangs bei gleicher Stellung der Einstellknöpfe *12* und *13* eine Sinusspannung von einem Frequenzgenerator (z. B. *RC*-Generator) angelegt wird. Die Frequenz dieser Spannung wird nunmehr so gewählt, daß ein stehendes Bild entsteht, wie im Bild 44 dünn eingezeichnet. Man muß dabei zusätzlich beachten, daß der Knopf für die Synchronisation *14* im Bild 43 möglichst wenig betätigt wird, damit die Kippfrequenz nicht durch die angelegte Frequenz mitgenommen wird. Das Mitnehmen erkennt man daran, daß es einen relativ großen Bereich für die angelegte Frequenz gibt, in dem das Bild steht. Durch Nullstellen des Knopfes für die Synchronisation *14* vor der Eichung der Zeitachse läßt sich dies vermeiden. Aus der dem Generator entnommenen Frequenz f_G kann die Zeit zwischen zwei Nulldurchgängen T_G ermittelt werden

$$T_G = \frac{1}{2 f_G}\,, \qquad\qquad (49)$$

wie auch im Bild 44 eingezeichnet.

Um gleichzeitig mit dem zu messenden Vorgang die Unterteilung der Zeitachse durchzuführen und damit Fehler durch die doch stets etwas vorhandene Synchronisierung der Kippfrequenz zu vermeiden, hat man eine Reihe von Verfahren entwickelt. Das gebräuchlichste besteht darin, in einem Zeitmarkengenerator zusätzliche kurze Impulse zu genau einstellbaren Zeiten zu erzeugen. Überlagert man die Spannung dieses Zeitmarkengenerators dem Meßvorgang, so entstehen periodisch auf dem zu messenden Vorgang kurze Spitzen (s. Bild 44), deren Abstand der Zeit entspricht, die am Einstellknopf des Zeitmarkengenerators abgelesen werden kann. Obwohl die periodischen Spitzen als Zeitmarkenimpulse zu erkennen sind, können sich in Sonderfällen doch Schwierigkeiten bei der Auswertung ergeben. Dies kann insbesondere dann eintreten, wenn der zu messende Vorgang selbst derartige Spitzen enthält. Es ist daher besser, wenn man die Impulse des Zeitmarkengenerators zur Steuerung der Helligkeit 5 im Bild 43 benutzt. Man schließt hierzu den Zeitmarkengenerator an bei vielen Oszillografen herausgeführte Buchsen „Hellsteuerung" an und erreicht dadurch, daß je nach Polarität der angelegten Spannungsimpulse periodisch anstelle der Spitzen kurze helle oder dunkle Punkte als Zeitmarken im Oszillografenbild entstehen. Schließlich besteht noch die Möglichkeit, den im Bild 44 gezeichneten Meßgrößenverlauf und die zur Kalibrierung der Zeitachse mit einem *RC*-Generator erzeugte sinusförmige Spannung gleichzeitig auf dem Schirm des Oszillografen zu schreiben und damit ebenfalls Fehler zu vermeiden. Falls kein Zweistrahloszillograf mit zwei voneinander unabhängigen Strahlablenksystemen zur Verfügung steht, kann man nach dem im Bild 45 dargestellten

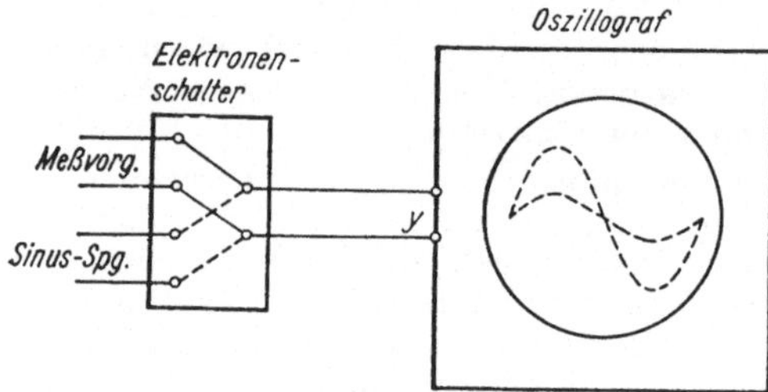

Bild 45. Elektronenschalter zur gleichzeitigen Aufnahme von zwei Vorgängen auf einem Einstrahloszillograf

Prinzip einen elektronischen Schalter vor den Eingang des Einstrahloszillografen schalten. Dieser elektronische Schalter schaltet in kurzen Zeitabständen die zwei Vorgänge nacheinander immer abwechselnd ein, so daß die zwei Vorgänge aus kurzen Stücken zusammengesetzt erscheinen. Bei genügend hoher Schaltfrequenz entstehen dann praktisch zwei, vom Auge als zusammenhängend aufgenommene Kurven der zwei Vorgänge. Nach der Darstellung dieser grundsätzlichen Verfahren zur Auswertung von Meßergebnissen wollen wir nunmehr noch einige spezielle Beispiele betrachten:

Die Auswirkungen der oberen und unteren Grenzfrequenz des in jedem Oszillografen enthaltenen Verstärkers sind im Bild 46 dargestellt. Dabei

wurde als Eingangsgröße wiederum, wie auch bei Tafel 3, ein rechteckförmiger Verlauf angenommen. Die entstehenden Verfälschungen des
Meßwertverlaufs setzen sich entsprechend der oberen Grenzfrequenz f_{go}
und der unteren Grenzfrequenz f_{gu} dieses Verstärkers aus den beiden in
Tafel 3 getrennt gezeichneten Fällen zusammen. Es entsteht so der im

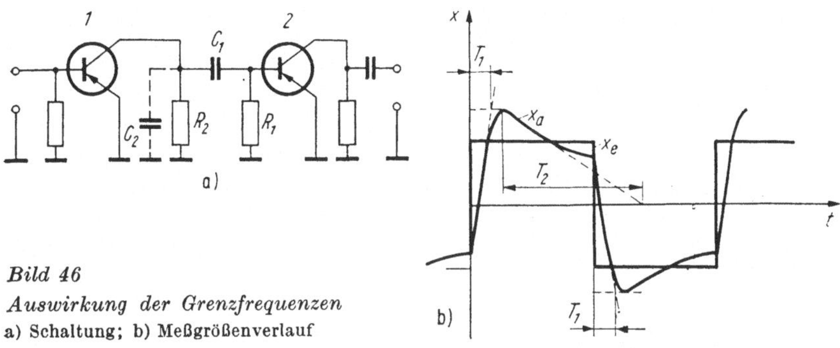

Bild 46

Auswirkung der Grenzfrequenzen
a) Schaltung; b) Meßgrößenverlauf

Bild 46 dargestellte Kurvenverlauf mit einem schrägen Anstieg (etwa
e-Funktion) und einem Dachabfall (ebenfalls etwa e-Funktion) sowie
abgerundeten Ecken. Die Zeitkonstante für den Anstieg T_1 und den
Dachabfall T_2 (s. Bild 46) hängen mit den Daten der Schaltung zusammen,
worauf auch schon im Abschn. 2., Bild 3, eingegangen wurde. Für die
im Bild 46 dargestellte Schaltung erhält man

$$T_1 = C_1\,R_1 \parallel R_e$$

$$T_2 = C_2\,R_2 \parallel R_1 \parallel R_e \parallel R_a\,, \qquad\qquad (50\,\text{a, b})$$

wobei R_e der Eingangswiderstand des Transistors *2*, R_a der Ausgangs-
widerstand des Transistors *1* ist. Die Grenzfrequenzen ergeben sich aus
den bekannten Beziehungen

$$f_{go} = \frac{1}{2\pi\,T_1}\;;\quad f_{gu} = \frac{1}{2\pi\,T_2}\;. \qquad\qquad (50\,\text{c, d})$$

Damit ist es möglich, bei bekannten (vom Hersteller im Prospekt angegebenen) Grenzfrequenzen die Verfälschungen auf Grund der Grenzfrequenzen zu berechnen, grafisch in das auszuwertende Meßergebnis
einzutragen und damit näherungsweise zu korrigieren (s. a. Abschn. 7.).
Insbesondere berechnet man mit Hilfe der Gln. (50a) bis (50d) die Zeiten
T_1 und T_2 und kann damit im aufgenommenen Meßgrößenverlauf sofort
erkennen, ob diese Zeiten gegenüber den Anstiegs- und Abfallzeiten des
Meßgrößenverlaufs eine Rolle spielen und damit wesentliche Verfälschungen zu erwarten sind. Man kann danach beurteilen, ob eine Korrektur
überhaupt notwendig ist oder ob die Zeiten T_1 so klein bzw. T_2 so groß
gegenüber den im aufgenommenen Meßvorgang auftretenden Zeiten für
Anstieg und Abfall sind, daß praktisch kaum Fehler auftreten. Bei Oszillografen mit Gleichspannungsverstärkern, d. h. $f_{gu} = 0$; $T_2 \to \infty$, braucht

der Abfall überhaupt nicht betrachtet zu werden, da hier keine derartigen
Meßfehler auftreten. Auf den Zusammenhang zu den in Tafel 3 dargestellten Fällen sei nochmals besonders verwiesen.
Als weiterer praktisch besonders bedeutsamer Fall sei schließlich auf die
Auswertung von abklingenden Schwingungen im aufgenommenen Meßgrößenverlauf eingegangen. Man erhält dann im Oszillogramm an einigen Stellen die im Bild 47 dargestellten Schwingungen. Es ist nunmehr
bei der Auswertung derartiger Meßergebnisse immer zunächst zu prüfen,

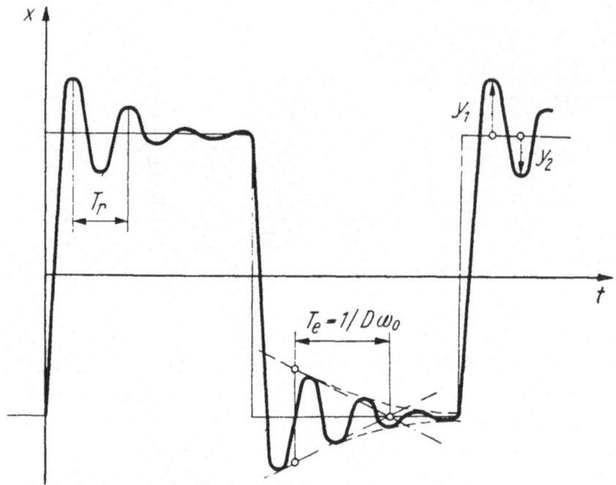

*Bild 47. Auswirkung eines schwach gedämpften, schwingungsfähigen Systems;
Bestimmung der Parametereigenfrequenz und Dämpfung aus dem aufgenommenen Oszillogramm*

ob derartige Schwingungen tatsächlich im Meßgrößenverlauf auftreten
oder ob es sich um Fehler handelt, die durch das schlechte dynamische
Verhalten des Meßgeräts selbst hervorgerufen werden. Im letzten Fall
würde es sich also um Schwingungen des Meßgeräts handeln, die durch
einen sprung- oder stoßförmigen Meßgrößenverlauf hervorgerufen werden
und die als Stück der in Abschn. 5.3. behandelten Übergangs- bzw. Gewichtsfunktion gedeutet werden können. Um diese Frage zu klären,
müssen die Parameter der Schwingung dem aufgenommenen Oszillogramm entnommen werden. Durch Vergleich mit den im Prospekt angegebenen Parametern des schwingungsfähigen Meßgeräts (Eigenfrequenz
f_0, Dämpfung D) kann man dann sofort entscheiden, ob es sich um Schwingungen handelt, die vom Meßgerät herrühren, oder ob die Schwingungen
im Meßgrößenverlauf enthalten sind.
Zur Bestimmung der Parameter eines derartigen schwingungsfähigen
Feder-Masse-Dämpfungssystems, wie es bereits in den Abschnitten 3., 5.
und 6. ausführlich behandelt wurde, werden die z. T. in diesen Abschnitten
enthaltenen Gleichungen benutzt [2]:

die Eigenfrequenz des ungedämpften Systems

$$f_0 = \frac{1}{2\pi} \sqrt{\frac{c}{m}} \qquad (51\,\text{a})$$

die Eigenfrequenz des gedämpften Systems

$$f_\mathrm{r} = \frac{1}{2\pi} \sqrt{\omega_0{}^2 - \delta^2} = f_0 \sqrt{1 - D^2} \qquad (51\,\mathrm{b})$$

die Dämpfung D

$$D = \frac{\delta}{2\pi f_0} = \frac{k}{2m \cdot 2\pi f_0} \qquad (51\,\mathrm{c})$$

Von diesen Parametern ist die Eigenfrequenz des gedämpften Systems am einfachsten zu bestimmen. Aus dem aufgenommenen Oszillogramm kann die Zeit für eine volle Schwingung des gedämpften Systems, die Periodendauer T_r, abgelesen werden, wie im Bild 47 angedeutet. Daraus läßt sich die Eigenfrequenz des gedämpften Systems berechnen:

$$f_\mathrm{r} = \frac{1}{T_\mathrm{r}} \qquad (52\,\mathrm{a})$$

Wird die Eigenfrequenz des ungedämpften Systems benötigt, so kann man diese nach der Gl. (51b) erhalten

$$f_0 = f_\mathrm{r} \frac{1}{\sqrt{1 - D^2}} \approx f_\mathrm{r} \left(1 + \frac{D^2}{2} \right) , \qquad (52\,\mathrm{b})$$

wobei die Näherung für $D \ll 1$ gilt. Wie man daraus sieht, sind die Abweichungen zwischen f_0 und f_r im allgemeinen gering, z. B. selbst für $D = 0{,}3$ nur $4{,}5\%$.
Nach Ermittlung der Eigenfrequenz kann durch Vergleich mit der vom Hersteller angegebenen Eigenfrequenz des Meßgeräts die Entscheidung darüber gefällt werden, ob es sich um Schwingungen handelt, die durch das Meßgerät hervorgerufen werden, oder ob die Schwingungen im Meßgrößenverlauf tatsächlich vorhanden sind.
Neben der Eigenfrequenz des Systems interessiert bei Schwingungsuntersuchungen als zweiter Parameter die Dämpfung des Systems D. Nach Ermittlung dieser Dämpfung kann auch aus der gemessenen Eigenfrequenz des gedämpften Systems f_r die des ungedämpften Systems f_0 nach der Gl. (52b) errechnet werden.
Für die Bestimmung dieser Dämpfung aus dem Meßgrößenverlauf (Bild 47) gibt es im wesentlichen zwei Verfahren: Entweder man zeichnet die Hüllkurve und bestimmt die Subtangente, oder man wertet das Verhältnis zweier aufeinanderfolgender Schwingungsamplituden aus. Nach der Gl. (29a) des Abschnittes 5.3. für die Übergangsfunktion eines derartigen schwingungsfähigen Feder-Masse-Dämpfungssystems erhält man für die Hüllkurve bis auf eine Konstante den Verlauf einer e-Funktion

$$\mathrm{e}^{-D\omega_0 t} . \qquad (53\,\mathrm{a})$$

Bei einer derartigen e-Funktion ist bekanntlich der Abschnitt unter der Tangente in einem beliebigen Punkt der Kurve, die Länge der Subtangente T_e,

$$T_\mathrm{e} = \frac{1}{D\,\omega_0} . \qquad (53\,\mathrm{b})$$

Beim Differenzieren der Funktion (53a) erhält man nämlich als Richtungsfaktor der Tangente gerade den Wert $-D\,\omega_0$. Damit läßt sich $D\,\omega_0 =
2\pi D f_0$, wie im Bild 47 angegeben, als Länge der Subtangente ablesen.

Die zweite Möglichkeit zur Bestimmung der Dämpfung D benutzt das
sog. logarithmische Dekrement d. Für das Verhältnis zweier aufeinanderfolgender Maximalwerte der Schwingung y_1 und y_2, wie im Bild 47 vermerkt, erhält man nämlich nach Gl. (53a)

$$\frac{y_1}{y_2} = \mathrm{e}^{\dfrac{D\omega_0 T_\mathrm{r}}{2}} , \tag{53c}$$

da der Abstand der zwei Maxima nach Bild 47, wie vorn bereits eingehend
bei der Bestimmung der Eigenfrequenz erläutert, $T_\mathrm{r}/2$ ist. Das sog.
logarithmische Dekrement d ist der natürliche Logarithmus dieses Verhältnisses, d. h. mit Gln. (52a, b)

$$d = \ln \frac{y_1}{y_2} = \frac{D\,\omega_0 T_\mathrm{r}}{2} = \frac{D\,\omega_0}{2f_\mathrm{r}} = \frac{D\,\omega_0}{2f_0\,\sqrt{1-D^2}} = \frac{D\pi}{\sqrt{1-D^2}} . \tag{53d}$$

Besonders in der Schwingungsmeßtechnik macht man von den geschilderten Methoden zur Ermittlung von Eigenfrequenz und Dämpfung
eines unbekannten schwingungsfähigen Systems sehr viel Gebrauch, wie
folgendes Zahlenbeispiel abschließend zeigen soll: Für einen Schwinger
(Maschinenteil), den man durch Anschlagen mit einem Gummihammer
erregt hat, nimmt man eine abklingende Schwingung entsprechend einem
Schwingungszug des Bildes 47 auf. Durch Auswertung des Oszillografenbilds nach Kalibrierung der Zeitachse erhält man die Werte $T_\mathrm{r} = 1/100$ s
$= 10$ ms und $d = 0{,}312$. Dann bestimmt man nach Gl. (52a) die Eigenfrequenz des gedämpften Systems zu $f_\mathrm{r} = 1/T_\mathrm{r} = 100$ Hz. Ferner errechnet sich aus dem logarithmischen Dekrement nach Gl. (53d) die
Dämpfung zu $D = 0{,}1$. Die Eigenfrequenz des ungedämpften Systems
ist dann nach Gl. (52b) $f_0 = 100{,}5$ Hz. Zur Kontrolle wird ferner noch
T_e gemessen. Man erhält $T_\mathrm{e} = 15{,}8$ ms, woraus nach Gl. (53b) ebenfalls
$D = 1/T_\mathrm{eo} = 1/15{,}8 \cdot 10^{-3} \cdot 2 \cdot 100{,}5 = 0{,}1$ berechnet werden kann.

9. Schlußbetrachtung

Es war im Rahmen dieses Bandes nicht möglich, das gesamte Gebiet
der Meßfehler bei dynamischen Messungen einschließlich der Auswertung
derartiger Meßergebnisse bis ins einzelne zu behandeln, es sei daher abschließend nochmals bezüglich näherer Einzelheiten auf die angegebene
Literatur verwiesen. Eine ganze Reihe von Verfahren, z. B. der Korrektur,
der Beschreibung des dynamischen Verhaltens durch den vollständigen
Frequenzgang $G(\mathrm{j}\,\omega)$ und der Aufnahme der Kennfunktionen, ist typisch
für die gesamte Automatisierungstechnik und daher z. T. auch in anderen
Bänden der REIHE AUTOMATISIERUNGSTECHNIK beschrieben.

Charakteristisch für den gegenwärtigen Stand der modernen Meßtechnik und kennzeichnend für die weitere Entwicklung ist die zunehmende Verbindung zwischen Meßtechnik, Regelungstechnik und besonders zu der elektronischen Informationsverarbeitung. Für die Weiterentwicklung dieser Gebiete ist die Meßtechnik eine der entscheidendsten Voraussetzungen, da sie der Gewinnung der zu verarbeitenden Informationen dient. Auf der anderen Seite sind von der raschen Entwicklung insbesondere der elektronischen Rechentechnik entscheidende Impulse für die Meßtechnik zu erwarten. Im nächsten Jahrzehnt wird dies dazu führen, daß Meßgeräte in großem Umfang Rechner enthalten, die die vom Meßgrößenaufnehmer gewonnenen Informationen weiterverarbeiten. Aus diesem Grund wurde den Problemen der automatischen Meßwertverarbeitung und der Einbeziehung der Rechentechnik besondere Aufmerksamkeit gewidmet. Da nach der derzeitig erkennbaren Tendenz mit einer Verzehnfachung der Rechengeschwindigkeit etwa alle 7 Jahre gerechnet werden kann, werden digitale Verfahren auch für die Messung dynamischer Größen zunehmend an Bedeutung gewinnen, zumal eine wesentliche Verringerung der Kosten für kleine Digitalrecheneinheiten zu erwarten ist. Damit rückt aber zugleich die Verkopplung von vielen Meßeinrichtungen mit Rechnern und Speichern zu großen Informationsverarbeitungszentren in den Bereich des Möglichen.

Literaturverzeichnis

[1] *Woschni, E.-G.:* Elektrische Meßgrößenerfassung und -verarbeitung nichtelektrischer Größen. S. Hirzel Verlag, Leipzig, 1969.

[2] *Woschni, E.-G.:* Meßdynamik, eine Einführung in die Theorie dynamischer Messungen. Leipzig; S. Hirzel Verlag 1964.

[3] *Fey, P.:* Informationstheorie. Berlin: Akademie-Verlag 1963

[4] *Steinbuch, K.:* Taschenbuch der Nachrichtenverarbeitung. 2. Aufl. Berlin/Heidelberg/New York; Springer-Verlag 1967.

[5] *Jaglom, A. M.; Jaglom, I. M.:* Wahrscheinlichkeit und Information. Berlin: VEB Deutscher Verlag der Wissenschaften 1965.

[6] *Woschni, E.-G.:* Anwendung der Informations- und Systemtheorie in der Meßtechnik. Übersichtsvortrag, gehalten auf der IMEKO IV, 1967. msr *10* (1967), H. 12, S. 455.

[7] *Wunsch, G.:* Moderne Systemtheorie. Leipzig: Akademische Verlagsgesellschaft Geest & Portig K. G. 1962.

[8] *Woschni, E.-G.:* Parameterempfindlichkeit in der Meßtechnik, dargestellt an einigen typischen Beispielen. msr *10* (1967) H. 4, S. 124.

[9] *Woschni, E.-G.:* Handbuch-Beitrag „Taschenbuch Maschinenbau", Abschnitt „Elektrische Messung nichtelektrischer Größen". Berlin; VEB Verlag Technik 1966.

[10] *Woschni, E.-G.:* Möglichkeiten zur Verkleinerung der Zeitkonstante von Temperaturmeßwandlern durch Korrekturnetzwerke. Vortrag ACHEMA 1961, DECHEMA-Monografien, *43*, S. 125. Weinheim/Bergstraße: Verlag Chemie, 1963.

Die Bände der REIHE AUTOMATISIERUNGSTECHNIK wurden mit [RA.. ...] gekennzeichnet.

Sachwörterverzeichnis

Abschätzung der erforderlichen Einschwing-
  zeit 56
Abtasttheorem 41 f.
Abtastverfahren 69
Abtastwert 69
Abtastzeit 43
Alphanumerische Zeichenerkennung 20
Amplitudengang 17, 28, 30 ff., 34, 46, 60
Analogrechner 65
Aufnahme
  der Kenngrößen 46
  der Kenngrößen im Zeitbereich 50
  des Amplitudengangs 47
Auswertung
  von abklingenden Schwingungen 76
  von Meßergebnissen 71
Auswirkung
  der Grenzfrequenzen 75
  von Meßfehlern 7
Automatisierung der Messungen 10

Binärspeicher 20
Bit 25
Breitbandrauschen 53

Dachabfall 75
Dämpfung 32, 33, 39, 76
Differentiationsglied 12
Digitale Meßverfahren 14, 19, 39
Digitales Meßgerät 26
Digitalrechner 12
Dynamische Empfindlichkeit 18
Dynamische Kalibrierung 27, 46, 51

Eigenfrequenz 32 f., 44, 76
  des gedämpften Systems 77
  des ungedämpften Systems 77
Einschwingzeit 27, 29, 36, 39 f., 43 f., 54, 57
Einschwingzeiten verschiedener Meßgeräte
  41
Ermittlung der Eigenfrequenz 77

Faltungsintegral 56
Feder-Masse-Dämpfungssystem 17, 31, 39,
  44, 61, 76
Flip-Flop 20
Fourier-Transformation 12
Frequenzgang 28, 31, 38
Funktionsgenerator 36, 52

Gewichtsfunktion 28, 37 f.
  des Verstärkers 70
Gleichspannungsverstärker 75
Grenzfrequenz 27, 29, 33, 42, 44, 54, 60
  digitaler Meßgeräte 44
  obere 31
  untere 31
Grenzfrequenzen verschiedener Meßgeräte 35
Grundgedanke der Korrektur 63
Grundschwingung 55

Harmonische 55
Hellsteuerung 74
Hilbert-Transformation 31

Impulsgenerator 52
Informationstheorie 25, 45
Integrationsglied 11, 33

Kalibrierungseinrichtung 46
Kalibrierung von Schwingungsmeßgeräten
  50
Katodenstrahloszillograf 71
Kenndaten 27
Kenngrößen für Meßgeräte 27
Kompensationsprinzip 66

Korrektur der Meßfehler 60
Korrekturnetzwerk 65 f., 68
Korrekturrechner 64
Korrekturverfahren 62
Korrelator 53
Kriechende Einstellung 40
Kurvenverzerrungen 59

Leistungsverstärkung 19
Logarithmisches Dekrement 78

Meßfehler 23
  dynamische 10, 15
  statische 13 f.
  typische 54
Meßoszillograf 72
Meßunsicherheit 9, 13
Meßwertspeicherung 20, 45
Meßwertstufen 22
Meßwertverarbeitung 10
Minimalphasensystem 31
Mittelwertbildung 11

Nachrichtenfluß 45
Numerische Steuerung 20, 25

Oberwelle 55
On-line-Betrieb 12
Optimalfilter 68
Oszillograf 46, 51, 53, 70 f.

PD-Netzwerk 66
Phasengang 31, 46, 49
Phasenverschiebung 29

Rauschen 53, 68
Rauschspektrum 68
RC-Generator 73
Rechenoperation 11, 16
Reziprozitätsverfahren 49
Rückrechnung 63

Sampling-Oszillograf 71
Sampling-Prinzip 34
Sampling-Verfahren 69
Schreibendes Meßgerät 71
Schwingungsmeßgerät 16, 40
Schwingungsmeßtechnik 78
Speicherkapazität 25
Speicherung von Meßwerten 11
Spektraldarstellung 54
Spektralschwingung 55
Statische Empfindlichkeit 18
Störungen 68
Systemtheorie 28

Temperaturmeßgeräte 62
Testfunktion 52
Trägerfrequenz 34
Trägheit des Meßgeräts 8

Übergangsfunktion 28, 36 ff., 60
Überschwingungen 40
Umkehrspanne 8, 13

Vergleichsprinzip 48
Verkleinerung der Zeitkonstante 68

Wärmeübergangszahl 62
Wöhler-Kurve 9

Zahlensystem 25
Zeitkonstante 53
Zeitmarkengenerator 74
Zeitmarkenimpuls 74
Zugriffszeit 22
Zunahme des Störpegels 68

REIHE AUTOMATISIERUNGSTECHNIK

RA 1 Schwarze: Grundbegriffe der Automatisierungstechnik
RA 2 Gottschalk: Bauelemente der elektrischen Steuerungstechnik
RA 3 Berg: Hydraulische Steuerungen
RA 4 Schöpflin: Netzregelungen
RA 5 Schubert: Digitale Kleinrechner
RA 6 Sydow: Elektronische Analogrechner
RA 7 Götte: Elektronische Bauelemente in der Automatisierungstechnik
RA 8 Bojartschenko/Schinjanski: Magnetische Verstärker
RA 9 ten Brink/Kauffold: Entwurf und Ausführung von Steueranlagen
RA 10 Schwarze: Regelkreise mit I- und P-Reglern
RA 11 Borgwardt: Regelkreise mit PID-Reglern
RA 12 Stuchlik: Programmgesteuerte Universalrechner
RA 13 Kautsch: Elektrische Meßverfahren für nichtelektrische Größen
RA 14 Ehrhardt: Fernsteuerung
RA 15 Schöpflin: Projektierung von Regelungsanlagen
RA 16 Lüdtke: Betriebserfahrungen mit einer automatischen Großanlage
RA 17 Schroedter/Meyer: Betriebsmeßwesen
RA 18 Fritzsch: Grundlagen der elektrischen Antriebsregelung
RA 19 Ahner/Bode: Elektronische Datenverarbeitung in der Ökonomie
RA 20 Dittmann: Kennwertermittlung von Regelstrecken und Regelgeräten
RA 21 Fuchs: Digitale Regelungen
RA 22 Fuchs: Gasanalysen-Meßtechnik
RA 23 Finger: Elektrische Wägetechnik
RA 24 Obenhaus: Fernmeßeinrichtungen
RA 25 Bär: Einführung in die Schaltalgebra
RA 26 Borgwardt: Flüssigkeitsanalysen-Meßtechnik
RA 27 Liebers: Temperaturmessungen
RA 28 Hummitzsch: Zuverlässigkeit von Systemen
RA 29 Berg: Hydraulische Bauelemente in der Automatisierungstechnik
RA 30 Peschel: Kybernetik und Automatisierung
RA 31 Schroedter: Standmessung in Behältern
RA 32 Meyer: Volumen- und Durchflußmessung von Flüssigkeiten und Gasen
RA 33 Hartmann: Regelkreise mit Zweipunktreglern
RA 34 Roeber: Meßeinrichtungen
RA 35 Wagner: Automatisierungstechnik — Einführung und Überblick
RA 36 Zemlin: Grundzüge des Frequenzkennlinienverfahrens
RA 37 Berg: Anwendung der Hydraulik in der Automatisierungstechnik
RA 38 Gottschalk: Elektronische Bausteinsysteme der Digitaltechnik
RA 39 Wolff: Anwendung des Frequenzkennlinienverfahrens
RA 40 Bär/Fuchs: Kleines Lexikon der Steuerungs- und Regelungstechnik
RA 41 Greif: Anwendung lichtelektrischer Empfänger
RA 42 Bär: EDV — Grundstufe der COBOL-Programmierung
RA 43 Bär: EDV — Oberstufe der COBOL-Programmierung
RA 44 Bär: EDV — Praxis der COBOL-Programmierung
RA 45 Bittner: Pneumatische Funktionselemente
RA 46 Fuchs/Könitzer: Digitale Meßwerterfassung
RA 47 Andersen: ALGOL 60 — eine Sprache für Rechenautomaten
RA 48 Götte: Feuchtemeßtechnik
RA 49 Gena: Automatisierung in der chemischen Industrie
RA 50 Schwarze: Regelungstechnik für Praktiker
RA 51 Bode: Lochkartentechnik
RA 52 Paulin: Kleines Lexikon der Rechentechnik und Datenverarbeitung
RA 53 Greif: Meßwert-Registriertechnik

Fortsetzung 4. Umschlagseite